JN299838

海の保全生態学

松田裕之 ──［著］

東京大学出版会

Marine Conservation Ecology
Hiroyuki MATSUDA
University of Tokyo, 2012
ISBN978-4-13-060194-8

はじめに

　本書は，私の半生の集大成として，今まで取り組んだ研究成果，直面する社会問題への私なりの解と，それを導くまでの経緯，社会に発信する道筋をまとめたものである．
　私は京都大学理学部生物物理学教室の出身で，恩師はもと物理学者，彼の師は湯川秀樹博士だった．力学系やゲーム理論などの数理的手法を用いて私が水産や海洋保全の分野に進んだのは，1989年に水産庁中央水産研究所に職を得てからである．最初に取り組んだのは，資源量が数百倍も変動するサバやイワシの変動するしくみの解明と，それをどうやって持続可能に獲るかという資源管理の問題だった．それまでの資源学は，今までの経済学のように，定常状態を仮定したものだった．多くの水産研究所の研究者にとって，教科書に載っている理論と，自分が直面する問題が乖離していた．私のように外部から参入した者のほうが，基礎にとらわれず，自由なものの見方ができたのかもしれない．
　水産研究所に異動するまで，私は進化生態学を志していた．それは，わずか3年あまりで九州大学理学部に転出した後も続いた．その後，生態学の主流は，環境問題に答える保全生態学に移っていった．それと同時に，水産研究所に私という人材を紹介した松宮義晴さんに誘われ，東京大学海洋研究所に異動した．これも，数理的手法が活躍できる課題だった．そして，利用する側と保全する側と，攻め方はちがうが，資源管理と保全生態は，同じ物事の2つの側面と考えられた．当時は，この両者を対立的に見るほうが主流だったかもしれないが，私のなかでは，「利用と保全の調和を図る」ことは，初めから1つのことだった．今では，それは自然保護団体も含めて，共通の認識になりつつあると思う．
　当時は，科学的に安全が証明できない問題は人間の手を加えないか，万全の対策を立てることがしばしば求められた．これは予防原則と呼ばれた．他方，順応的管理といって，わからないことがあることを承知のうえで，管理

を実施しながら計画を見直し，仮説を検証していくしくみが推奨された．「順応的管理」という訳語は，1997年の鷲谷いづみ氏と私が書いた「意見」が最初である．この訳語は，今では広く学界および行政の用語として定着している．

東京大学海洋研究所時代には，エゾシカ保護管理計画，愛知万博の環境影響評価など，海に直接関係ない課題も降って湧いてきた．欧米の大学では，野生動物保護管理は水産資源管理と同じ学科で教えられていることが多い．考え方に共通点が多いからである．むしろ，国際捕鯨委員会（IWC）の取り組みを含めて水産資源管理でやりたかったことが，エゾシカで実施できたといえる．これは，日本の自然環境で順応的管理を普及定着する決定打になったといえる．また，愛知万博では会場予定地だった海上の森の保全がままならず，人生でもっとも憂鬱な日々が続いていたが，最後にどんでん返しが起きて，大部分の森を守ることができた．この顛末は，海の話ではないので，あらためて語る機会を設けることにする．

九州大学時代から「日本の環境リスク学の母」である中西準子さんに誘われて「環境リスク学」の研究事業に加わり，マグロの絶滅リスクのように，不確実性を考慮した研究を進めていた．同時に植物の絶滅危惧種の判定手法を提案し，環境省植物レッドリストの策定にかかわった．2003年に，中西準子さんの後任として，横浜国立大学に異動し，亜鉛の生態リスクも含め，リスクは私にとって不可欠の概念となった．

2004年から知床世界自然遺産の科学委員会に加わり，海域管理計画に携わることになった．当時横浜国立大学にいた牧野光琢博士との共同研究は，知床を世界自然遺産に登録するうえでも，日本の沿岸漁業の共同管理を世界に知らしめるうえでも，きわめてうまくいった．この取り組みが認められ，私は2007年に，日本人で初めてのピュー海洋保全フェローに選ばれた．世界の海洋保全生態学者が集まるその会合で，私はチリのファン・カルロス・カスティーリャ教授と出会うことができた．海洋生物学者だった彼は，自分の大学の臨海実験所に小さな禁漁区を設け，それが周囲の水産資源を守る効果を実証し，漁業者を説得して漁民が進んで海洋保護区をつくるようになり，ひいてはチリの漁業法そのものを変えてしまった．彼の取り組みには，大いに学ぶところがある．

本書で紹介するように，知床科学委員会の取り組みは「世界のほかの世界自然遺産のモデル」と賞賛され，国際コモンズ学会から世界の6つのインパクトストーリの1つに選ばれた．さらに，既存の世界自然遺産にも科学委員会がつくられ，私は屋久島の科学委員を兼ねることになった．さらに，ユネスコMAB（人間と生物圏）計画の日本MAB計画委員長になり，世界自然遺産とMABの2つの取り組みを担うことになった．同時に，知床海域管理計画を序章に紹介するかたちで，2012年に，『海洋保全生態学』（講談社）という教科書を，文字どおり文理融合の専門家を集めて刊行することができた．これは，海外の類書にも例がない．

　以上のような取り組みを評価いただき，2012年3月に，日本生態学会賞をいただいた．私に学位を与えていただいた寺本英氏（故人），重定南奈子氏，川崎廣吉氏，高田壯則氏，日本医科大学時代にお世話になった品川嘉也氏（故人），芦田廣氏，西山賢一氏，吉田昭彦氏，嶋田正和氏，水産分野に導いていただいた松宮義晴氏（故人），石岡清英氏（故人），和田時夫氏，岸田達氏，世界に導いていただいたPeter A. Abrams氏，巌佐庸氏，山村則男氏，難波利幸氏，東正彦氏（故人），堀道雄氏，シカ問題を教えていただいた梶光一氏，常田邦彦氏，文理融合の研究を教えていただいた湯本貴和氏，佐藤哲氏，牧野光琢氏，リスク学を教えていただいた中西準子氏，岡敏弘氏，月尾嘉男氏，矢原徹一氏，金子与止男氏にとくにお礼申し上げる．そして，東京大学出版会編集部の光明義文さんに感謝する．彼には，私の原稿の整合性をとれるように，丁寧に読んでいただいた．彼の熱意と控えめな督促なくして，この本は生まれなかった．私の指導者だった方のうち，寺本さんを除く上記の方々は，みな定年前に亡くなられている．私を評価いただいた方は，激しく短命の方が多いと，つくづく思う．ご冥福をお祈りする．

　　2012年9月　奄美大島にて

　　　　　　　　　　　　　　　　　　　　　　　　　　松田裕之

目　　次

はじめに……………………………………………………………………… i

第 1 章　海の保全生態学——漁業管理と海の保全 ……………………… 1
 1.1　漁業と生態系管理 …………………………………………………… 1
  （1）順応的管理の考え方　1　　（2）生態系保全のための 8 つの戒め　6
  （3）国際捕鯨委員会が育てた順応的管理　7
 1.2　どこまで獲れば乱獲になるか ……………………………………… 9
  （1）最大持続漁獲量（MSY）の考え方　9
  （2）国際捕鯨委員会の改訂管理方式　10
  （3）日本の漁獲可能量の決め方　15
 1.3　絶滅リスクと水産資源 ……………………………………………… 17
  （1）ミナミマグロは絶滅するのか　17
  （2）水産資源のリスク管理　19
 1.4　順応的管理と科学者の役割 ………………………………………… 21
  （1）知床世界自然遺産登録時の悩み　21
  （2）生態リスク管理と科学者の役割　24
  （3）順応的管理の 7 つの鉄則　26
  （4）日本生態学会委員会の自然再生事業指針　30

第 2 章　海の生物多様性——資源管理と保全 …………………………… 34
 2.1　マグロ——ワシントン条約と水産資源 …………………………… 34
  （1）マグロ類 9 割減少説　34　　（2）絶滅危惧生物の判定基準　37
  （3）資源利用と生物多様性保全の両立を　40
 2.2　クジラ——生態学からみた捕鯨論争 ……………………………… 42
  （1）生物多様性条約とは　42　　（2）環境保護と反捕鯨主義　43
  （3）必要なのは環境団体が参画する管理体制の確立　46

（4）今後の方向性とその社会的・経済的効果　47
　　　（5）第14回ワシントン条約締約国会議に対する見解　49
　2.3　イワシとサバ——多獲性浮魚資源の大変動……………………………50
　　　（1）海産生物をすべて数える　50
　　　（2）競合するプランクトン食浮魚類　54
　　　（3）三すくみ説　55　（4）仮説の反証可能性　58
　2.4　野生生物としての水産資源——順応的管理をめざして……………59
　　　（1）FAOの4つの提言　59　（2）減った魚は禁漁にすること　59
　　　（3）未成魚を保護し，成魚を獲ること　63
　　　（4）主要魚種を魚種交替とともに切り替えること　64
　　　（5）漁具の選択性を高める技術を開発すること　65
　2.5　生物多様性条約と海………………………………………………………67
　　　（1）COP10は「成功」だった　67
　　　（2）愛知目標とクロマグロ資源の「海洋保護区」　69
　　　（3）クロマグロ産卵親魚保護と海洋保護区との関係　71

第3章　海のリスク管理——環境・健康・経済……………………………74
　3.1　野生生物のリスク管理……………………………………………………74
　　　（1）20世紀と要素還元主義　74　（2）個体数の過少推定　75
　　　（3）「無知の知」と「諸行無常」　78
　　　（4）管理自身を実験と見なす順応的管理　81
　3.2　漁業の適切な管理…………………………………………………………83
　　　（1）最大持続漁獲量（MSY）理論　83　（2）漁獲可能量制度　84
　　　（3）資源管理型漁業　86
　　　（4）公海上での漁業規制と生態系アプローチ　86
　　　（5）海洋保護区　87
　3.3　食文化の多様性……………………………………………………………88
　　　（1）生物資源の多様性とは　88　（2）なぜ生物は多様なのか　90
　　　（3）人間にとってなぜ生物多様性が必要か　91
　　　（4）食材の多様性が求められる理由　91
　　　（5）季節や時代によって食べる魚を変える　92
　　　（6）変動する生物資源をじょうずに利用するには　93

第4章　海の理論生態学——最大持続漁獲量（MSY）の理念 …………… 95
　4.1　生態系の複雑さと最大持続漁獲量の理念 ………………………………… 95
　　（1）最大持続漁獲量（MSY）の問題点　95
　　（2）単一資源のMSY　96
　　（3）被食者・捕食者系のMSY　97
　　（4）非定常状態での平均資源量　99
　　（5）順応的管理も万能ではない　101
　　（6）生態系の順応的な管理に向けて　103
　4.2　ゲーム理論と資源管理 ……………………………………………………… 105
　　（1）漁獲可能量制度導入時の問題点　105
　　（2）生物学的許容漁獲量（ABC）決定規則の問題点　106
　　（3）最大持続漁獲量（MSY）への鎮魂歌　110
　　（4）情報の少ない魚種のABC決定規則　111
　　（5）体長組成と投棄魚問題　113
　　（6）順応的管理（フィードバック管理）の奨励を　113
　4.3　ゲーム理論と環境倫理 ……………………………………………………… 114
　　（1）学説の寿命　114　　（2）最後通牒ゲーム　115
　　（3）利益よりも公正さ　117　　（4）合理性と合目的性　119
　　（5）科学における匿名性と公正さ　120
　　（6）インターネットの匿名性　120
　4.4　数理モデルと生態学 ………………………………………………………… 122
　　（1）生物多様性条約について　122
　　（2）生態系アプローチについて　124
　　（3）生態系サービスについて　124
　　（4）海の生態系について　127
　　（5）マグロよりもサンマを食べよう　130

第5章　海の生態系管理——海域環境の保全 ……………………………………… 132
　5.1　非定常系としての海洋生態系 ……………………………………………… 132
　　（1）定常状態の幻想　132
　　（2）生態系管理（ecosystem management）　133
　　（3）リスク評価と合意形成　135

5.2 海洋生態系の保全と管理……………………………………………………137
    （1）リスク評価と不確実性 *137*　（2）責任ある漁業 *138*
    （3）「悔いのない方策」と「わかりやすい方策」 *139*
    （4）人為淘汰と進化生態学 *140*
    （5）環境影響評価指標と生態系保全 *141*
5.3 知床世界自然遺産と沿岸漁業の共同管理……………………………………*141*
    （1）世界自然遺産登録の経緯 *141*　（2）科学委員会の定着 *142*
    （3）生態系管理としての知床海域管理 *143*
    （4）世界自然遺産地域での資源管理 *147*　（5）今後の課題 *148*

第 6 章　これからの海洋保全生態学——海洋国家の役割……………*150*
6.1 外来種の生態リスク……………………………………………………………*150*
    （1）人間活動が水圏生態系におよぼす悪影響 *150*
    （2）海域におけるバラスト水問題 *151*
6.2 環境にやさしい漁業とは………………………………………………………*154*
6.3 COP10 と「生態リスク COE」の取り組み…………………………………*155*
    （1）COP10 の「成功」 *155*
    （2）私たちの「生態リスク COE」の取り組み *158*
    （3）海洋保護区をめぐる議論 *160*
6.4 COP10 と海洋保護区…………………………………………………………*162*
    （1）マサバ資源管理の失敗 *162*　（2）資源管理型漁業 *168*

引用文献………………………………………………………………………………*185*
初出誌一覧……………………………………………………………………………*194*
おわりに………………………………………………………………………………*197*
索引……………………………………………………………………………………*199*

第 1 章　海の保全生態学
―― 漁業管理と海の保全

1.1　漁業と生態系管理

（1）順応的管理の考え方

　この章では，順応的管理について説明する．これは adaptive management の訳語である．たしか 1998 年に『応用生態工学』という雑誌に，鷲谷いづみ氏と私で，順応的管理という言葉をテーマにした意見を述べた（鷲谷・松田，1998）．それから，おそらくこの訳語が日本で定着したのではないかと思っている．

　順応的管理の 1 つの先駆例として，私の専門でもある漁業管理において，国際捕鯨委員会（IWC）における先駆例を述べる．また，知床世界自然遺産の話と「7 つの鉄則」について紹介する．

　順応的管理というと，よくこういうループを描いたようなものを描く（図 1.1）．ぐるぐる回っていくのだということで，一度つくってしまったら固定された計画にもとづいて実施するのではなく，つくったものを実行しながら継続監視（monitoring）をして評価し，もう一度問題を見直していくというループである．ただ順応的管理には，もう 1 つ別のループがある．二重のループというように覚えておいていただくとよいのではないかと思う．

　まず，順応的管理には 2 つの要素がある．1 つは順応学習，すなわちアダプティブ・ラーニングである．それとフィードバック制御．これは，エアコンでも同じである．あるいは車の運転を考えてもらってもよい．たとえば，目的地までにあと 1 時間で着くというときに，足のペダルを踏む強さを何 kg 重にすればよいというふうに計算して運転する人は，ほとんどいない．

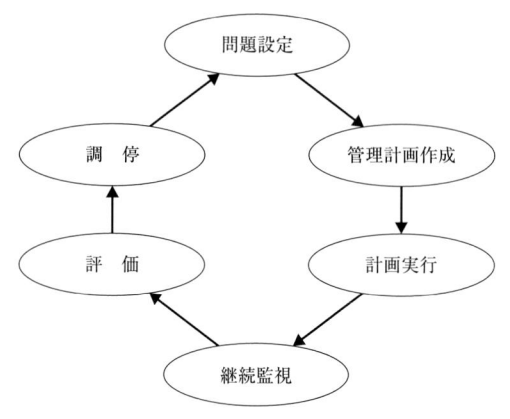

```
            問題設定
           ↗       ↘
      調 停          管理計画作成
       ↑               ↓
      評 価          計画実行
           ↖       ↙
            継続監視
```

図 1.1 順応的管理のループ.

そうではなく，アクセルを踏んだり緩めたりを，速度計を見ながら，あるいは車間距離を見ながら調整する．これがフィードバックである．そういうことをやっていけば，自然とうまくいく．初め綿密に計算して，この踏み方でいけば必ずうまくいくのだというようにやるのではなく，いろいろ不確実要素があるけれども後から調節すればよいと考えるのである．

　2つのループをもう一度紹介すると，まず，この実線のループがフィードバック制御である（図 1.2）．これは，計画と管理を実施するものである．監視を続ける．監視を続けた結果，私が後で紹介する例では，クジラの数やシカの数が予定より減りすぎていたら少し保護を強めよう，増えすぎていたらもう少したくさん獲ろうというように，状態の変化に応じて意思決定をして管理の方法を調整していく．先ほどの例でいえば，ブレーキとアクセルを踏み分けるというのが，この実線のループである．

　しかし，これだけでは順応的管理とはいえない．もう1つ大事なことは，破線ループである．これが，順応学習（adaptive learning）または「為すことによって学ぶ（learning by doing）」ということである．普通は，そういう管理計画をつくるときは，相手の自然のことを正確にすべてわかっていなければいけない．たとえば，北海道でエゾシカ管理計画をつくりあげるときに，いつも役人の方に聞かれた．「エゾシカは何頭いるのですか」．私が，「わかりません」というと，「シカの数がわからなくて，シカの管理はできな

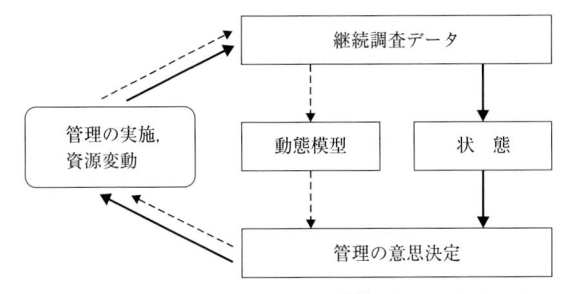

図 1.2 順応学習とフィードバック制御（勝川俊雄氏より）．

いでしょう」といわれる．これが今までの常識である．しかし，じつはシカの数はわからない．

　少し話が脱線するが，1990年代には，エゾシカは12万頭ぐらいだろうといわれていた．私は1998年に，確信を持って，それは過小評価であると思っていた．少なくとも20万頭ぐらいいそうだと．しかし，30万頭以上いないという確信はなかった．さらにいえば，30万頭以上いたら私の管理計画では失敗する．つまり，獲って減らそうと思っていたのだが，獲り切れない．そうではないという保証はどこにもなかったのである．それでも，やはり30万頭いないとすればうまくいくということで，とりあえずやってみようといった．当時の法律でできるのはそこまでだ．もしそれがだめなら，法律を変えるしかないという勢いで私たちは臨んだのである．

　そのとき大事なことは，そこで管理計画のもとにつくられた前提あるいは認識は，じつは証明されていないことがある．それでは，証明されていないままずっとやってよいかというと，そうではない．そこが大事なところなのだが，まだ証明されていない間に管理を進めるのである．これは，ある意味では1つの予防原則である．つまり，わかってからでは遅すぎるから，証明できる前に管理をやってしまう．けれども，管理をしながら監視も続け，前提が正しいかどうかを見きわめていく．この作業が必要なのである．ずっと「わからないままです」では，順応的管理にはならない．

　継続監視の結果，前提は正しそうだな，いや，やっぱり過小評価だったかなということがわかってくる．わかってきたら，その前提を書き直していく作業が必要になる．そのループが破線ループである．この二重のループを覚

えておいてほしい.

　順応的管理という考え方は，2000年ぐらいになって，だいぶ日本でも広まってきたが，それまでは国際的にもそれほど認知されていなかった．1つは生物多様性条約の2000年ナイロビでの締約国会議で，生態系アプローチが採択されたが，このなかに順応的管理がある（表1.1）．しかし，そのぐらいであった．ようやく，生物多様性国家戦略の2002年にできた改訂版には，順応的取り組みという言葉が載るようになった．このあたりから，順応的管理という言葉が認知されだしたと思う．

　たとえば，後で少しだけ紹介するが，サイモン・レヴィンという，2007年の京都賞受賞者で米国生態学会長などを務めた科学者がいる（図1.3）．彼が『持続不可能性（Fragile Dominion）』という本を書き，そのなかにも1つ，フィードバックを強化しろというスローガンを掲げている（レヴィン，2003）．日本生態学会の生態系管理専門委員会が，2005年，自然再生事業指針を出したが，そのなかにも書いてある．私が所属している横浜国立大学の

表1.1 生態系アプローチの12原則（生物多様性条約第5回締約国会議，2000年ナイロビの合意文書より）．

1. 管理目標は，社会が選択すること．
2. 管理の分権化．
3. ほかの生態系への波及効果を考えること．
4. 経済的な文脈で管理をすること．
5. 生態系の構造と機能を保全すること．
6. 生態系機能の限界のなかで管理すること．
7. 望ましい時空間で管理すること．
8. 目標は長期的視点で設定すること．
9. 生態系は放置しても変化は避けられないという認識に立って管理すること．
10. 保全と利用のバランスを図ること．
11. 伝統的知識を科学的知識とともに考慮すること．
12. 関連する社会自然科学分野を含んだかたちで生態系管理を考えていくこと．
    （生態系的取り組みの適用のための運用指針）
    1 生態系における機能的な関係と作用への着目
    2 利益の公平配分の推進
    3 順応的管理の実践の利用
    4 取り組む課題に適切な空間の広がりで，また可能な限りもっとも下位のレベルへの浸透による管理の実行
    5 セクター相互の共同を確保

図 1.3 サイモン・レヴィン
（2007 年 9 月，重定南奈子博士提供）．

21 世紀 COE「生物生態環境リスクマネジメント」のなかでリスクマネジメントの基本手順を提案し，そのなかでも順応的管理が中心になっている．このように，しだいに認知されてきた．

　先ほど述べたように，順応的管理には，1 つはよくわからない不確実性がある．もう 1 つには，たとえば，自然は放置しておいても同じ状態にずっととどまっていない非定常なのであるという考え方がある．一定の管理方策を続けていても一定の状態にはない．去年までずっとよいと思っていたら，今年は洪水がきたとか日照りがきたとか，いろいろなことがある．そういう非定常性に対して仮説検証型の管理計画を立案して，監視を続けてそれを検証し，状態が変わったら，それに応じて方策を変えるということである．このようにして管理計画で用いた前提を検証し，見直していくことを順応学習（adaptive learning）という．後でもふれるが，状態変化に応じて方策を変えるときに重要なことは，その変え方をあらかじめ決めておくということである．後から変えればよいからなんでもやろう，変え方は後から考えればよい——これでは，順応的管理とはいえない．それは，「似非順応的管理」である．

私が，エゾシカの管理計画を順応的管理の考え方に合致したかたちで提唱した後，2006年に日本哺乳類学会長をしていた三浦慎悟氏が，それは，自分の言葉でいえば「責任ある試行錯誤」という，たんなるトライアル・アンド・エラーではなく，そこに初めから責任を設けることであるといった．それはどういうことかというと，変え方は決めておくということである．
　その由来は，順応的管理という言葉は，先ほどのサイモン・レヴィンの本にも紹介されていたが，クローフォード＝ホリングが著した1978年の本がたぶん最初だと思う（Holling, 1978）．このホリングは生態学では有名で，1960年代に，ホリングの機能的反応のⅠ型，Ⅱ型，Ⅲ型という概念を出した．生態学を学んだことのある方ならばご存じだろう．彼は，21世紀になってから退官したそうである．だから，およそ20歳代，あるいは30歳代でこういう概念を出している．それから，漁業学者であるカール・ウォルタースが1986年に出した本で，順応的管理という概念が確立されていく（Walters, 1986）．この2人は，ともにブリティッシュ・コロンビア大学の研究者である．後で述べるが，1994年に国際捕鯨委員会（IWC）科学小委員会で改訂管理方式が提案された．これが，順応的管理の考え方の先駆例だと思う．1998年にエゾシカ保護管理計画を私たちがつくったときは，端的にいえば，このIWCの改訂管理方式をまねしたのだが，結果的に順応的管理の日本における先駆例だといわれるようになったわけである．

（2）生態系保全のための8つの戒め

　サイモン・レヴィンの本に，生態系保全のための8つの戒めというものがある．彼はユダヤ教徒で，ほんとうは10個にしたかったが，8つになってしまったと書いている．それぞれ非常に大事な言葉であり，ここに紹介する．①不確実だけれども，その不確実性をなるべく減らそう．②不測の事態に備えよう（expect surprise）．③不均一性が自然界にあるのは当然なのであって，それは維持しよう．④生態系というのはモジュール構造になっている．それを全部均一化したような，あるいは全部結びつけたような構造にはしない．こうしておけば，どれかが生き残るということになる．⑤むだなものをすぐに捨てるな（keep redundancy）．むだなものは捨てろではない．これは，「もったいない」というふうにいえばよいのかもしれない．そして，⑥

順応的管理であるフィードバックを強化しろ．

それから，彼は数理生態学者であるが，いろいろなことに踏み込んでいて，2007年の京都賞の講演は「社会経済学的アプローチ」という題名で行っている．そして，⑦信頼関係が大事だと述べている．私もそう思う．最後は聖書の言葉のようだが，⑧あなたが望むことを人にも施せ．これは聖書でいう「黄金律」というものである．これらが，生物多様性保全に関する8つの戒めである．

私は，僭越ながら，ユダヤ教徒の彼に向かって，「2つ加えて十戒にした」といってしまった．なにを加えたかというと，⑨自然というのは恐ろしいものである，畏敬の念を持ちなさい．これは，じつは鷲谷いづみ氏の言葉だが，それが大事だと述べた．もう1つは，⑩野生生物に餌を与えるな．これは，イエローストーンの国立公園などによく書いてある．むしろ日本人のほうが，この意識は欠けているかもしれない．

（3）国際捕鯨委員会が育てた順応的管理

国際捕鯨委員会（IWC）について少し説明する．人類は南氷洋で捕鯨を繰り返した．地球最大の哺乳類であるシロナガスクジラについては，ものすごい量を捕った（p.45，図2.9を参照）．今，シロナガスクジラの生息頭数は500頭から2000頭などといわれているから，1年間で2万頭近く捕ったというのが，いかにすごい乱獲であったかがわかると思う．それから半世紀近くの間，文字どおり絶滅寸前状態が続いていて，21世紀になってようやく回復の兆しが見え始めたといわれている．

シロナガスクジラを捕ったら，そのつぎに大きいナガスクジラを捕りまくる．ナガスクジラもいなくなったらニタリクジラを捕るというように，だんだん価値の高いものから低いものへと標的を変えていく．その間もシロナガスクジラがいたら捕るから，シロナガスクジラに対する捕獲死亡率は維持される．このようにして，絵に描いたような乱獲の歴史があった．

この反省から鯨類の管理が行われたのだが，最初の管理は非常に質の悪いものであった．これは，シロナガス換算制といって，捕る側の論理であって保護する側の論理ではなかった．たとえば，シロナガスクジラ1頭分はナガスクジラ2頭分といったように，重さに換算した総量規制である．こういう

ことをやれば，価値の高いものからどんどん絶滅していく．これはだめだということになって，新管理方式が6年間だけ行われた．この方法は，むしろ現在の順応的管理に近くて，フィードバック制御がきちんとできていた．ただし，順応学習ができていない．このやり方ではうまくいかないだろうということで，このころから，IWCでは反捕鯨国が大半を占めるようになったので，管理計画を新たにつくりあげるまで商業捕鯨はモラトリアム（一時停止）ということになった．

　管理計画をつくるときには散々もめた．科学委員会のなかには，当然，反捕鯨団体も含まれていた．実際に，この改訂管理方式（RMP）という今の管理方式の原案を書いたのは，ジャスティン・クックという国際自然保護連合（IUCN）が派遣した科学者である．彼はもともと反捕鯨の立場の人である．しかし，彼はきちんと管理すれば捕鯨はできると考えて，けっきょく，きわめて厳しい保守的な方式を提案する．これをほかの漁業に適用したら，採算がとれなくてすぐつぶれるだろう．しかし，とにかく捕鯨を再開したいということで，日本の科学者も含めて合意し，科学委員会で採択された．ところが，総会に上げたら蹴られてしまって，いまだにモラトリアムが続いているという事態である．

　そういう意味では，いったいIWCとはなんだったのか，なんの生産性もなかったという考えもあるが，じつは順応的管理の原型はIWCで，反捕鯨派と捕鯨派の科学者が侃々諤々議論して育てたといえる．そこには，新管理方式にない順応学習の考えが含まれている．個体数をどうやって推定し，その推定値の不確実性をどう評価するかを徹底的に議論したわけである．

　先ほども述べたように，新管理方式にもフィードバック制御の考え方はあったのだが，現在の資源量は正確にわかる．そして，一番効率よく捕る，後述するが，最大持続漁獲量（MSY）の値がわかっている．つまり，生態系のしくみがわかっているとの仮定をしていた．その値がまちがっていたら，これは非常にもろいものになるだろう．

1.2 どこまで獲れば乱獲になるか

（1）最大持続漁獲量（MSY）の考え方

最大持続漁獲量（Maximum Sustainable Yield；MSY）はどういう理論かというと，普通，図1.4のような絵を描く．1親あたりの自然増加率は親魚資源量が増えると減っていき，環境収容力と呼ばれるところでゼロになると考える．親魚資源量と1親あたり自然増加率は，いわば銀行の預金と利率のようなものである．そうすると，その積だけ親魚資源量や預金が増えることになる．これを水産学では余剰生産力という．銀行の利子であれば利率一定で，利子は預金に比例して増えるが，生きものの場合には，過密になってくると1親あたりの自然増加率が落ちる．これを密度効果という．そうすると，利子にあたる余剰生産力はおわん型の曲線になる．ただし，自然増加率がはたしてほんとうに直線的に下がるかどうかはわからない．しかし，多少曲がっていても下がるならば，全体として，こういうおわん型になるだろうという考え方である．

今度は漁業の持続可能性を考える．これは預金の引き出しに相当する．利

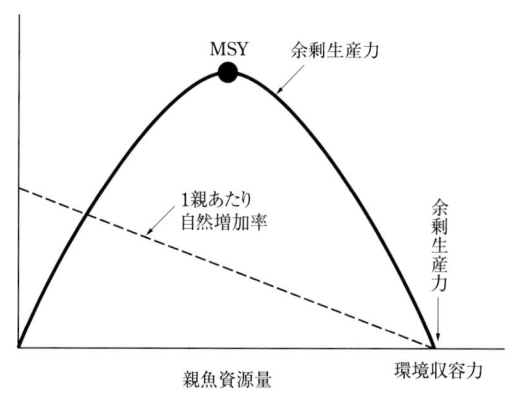

図 1.4 最大持続漁獲量（MSY）の概念図．1親あたり自然増加率（点線）は親魚量が増えると減り，やがてゼロになる．

子より多く引き出せば預金が減る.同じように,余剰生産力より多く漁獲すれば資源が減る.預金は自分の余生がまかなえればよいかもしれないが,漁業資源は子々孫々まで残すべきだろう.たとえば,毎年,そのときの余剰生産力と同じだけ漁獲すれば,資源は増えも減りもしないだろう.

これは非定常性を含んでいない概念なのだが,そういう考え方が最大持続漁獲量の理論で,当然,ここが持続可能に最大に引き出せる量である.これを目指そうというのがMSYという理論である.今の国連海洋法条約でも,この「MSY理論にもとづき」と明記してある.私は,こんなものは古いと,2006年6月にニューヨークの国連海洋法条約関係の非公式会議で演説してきた.

でも,まったく獲らなかったら当然利益は得られない.一方,獲りすぎて親魚資源量が減ってしまっても利益は得られない.要するに,乱獲はいけない,種もみは残しましょうということである.

(2) 国際捕鯨委員会の改訂管理方式

ところが,こういう理論は古典的に昔からあったのだが,それでも乱獲はいっこうに減らない.その理由は,水産資源学の教科書には2つ書かれていて,1つは,経済学でいう現在価値ということである.未来永劫ずっと獲り続けているからといって,利益を無限大とは見なさない.経済学的にいえば,割引率というのがあって,1年後の利益は今の利益のたとえば95%の価値しかなく,2年後の利益は90.3%($=0.95^2$)の価値しかないというように考える.

たとえば,国際捕鯨委員会(IWC)において南氷洋のクロミンククジラを何頭捕ることが合意されたかというと,生息数は76万頭といわれているのに2000頭が捕獲可能数となった.さまざまな不確実性を考えて安全性を見込むと,こんな低い頭数になる.経済割引率5%とすると,無限の将来までの毎年2000頭ずつ捕ったときの利益の合計は,等比級数の和になる.公比が0.95の場合には,2000÷5%(2000×20)になって,じつは,現在価値にして4万頭分の利益しかないことになる.今76万頭いるから,過去の例と比べれば,1年で10万頭捕ることは可能だったであろう.そうすると,持続可能にずっと捕るよりは,たとえば乱獲して今年10万頭捕り,その利

益を銀行に預けるなり別の経済部門に投資して儲けたほうが得になる．

そうすると皮肉なことに，保全生態学者が保守的に 2000 頭という控えめな数字を出したばかりに，持続可能に捕るより乱獲したほうが得だということになってしまう．これがイワシだったら，このようにはならない．たとえば 70 万トンいればおそらく 20 万トンくらい獲っても大丈夫であろう．そうすると，持続可能に 20 万トン獲るほうが，今，根こそぎ 70 万トン獲るより得という計算になる．

もう 1 つは，「共有地の悲劇」というのだが，これは第 3 章 3.2 節で説明する．

改訂管理方式は，捕獲データに加えて，5 年に一度，資源量調査をする．これは，目視調査といって「見る」のである．今でも毎年やっている．調査航海中に，クジラの潮吹きが何頭分見られたからクジラは何頭いるはずだと計算するのである．統計学者がかかりきりになって計算している．その統計学者のコンピュータでは，クジラが潜ったり浮いたりするというシミュレーションが行われていて，しかも，だれかが計算機上の仮想現実でつくったクジラの生息頭数の答えを隠して，「こういう目視調査結果が上がったから生息頭数を推定してみなさい」とコンテストをやる．いろいろな推定方法で競いあい，もっとも正解に近い数値をいいあてたやり方が，統計的に一番正しいやり方だというようにするのである．改訂管理方式では，よくベイズ推計法を使う．これは，順応的管理には非常にぴったりする推計の方法である．統計学者の半分ぐらいは客観的でないといってベイズ推計法を嫌っているが，もともと順応的管理は未実証の前提を用いて管理するという意味で，主観的なものである．したがって，このベイズ推計法は順応的管理によく合っている．順応的管理のモニタリング（継続監視）では，ベイズ推計法という言葉も頭の片隅に入れておいていただくとよいだろう．

改訂管理方式の捕獲枠の決め方が非常に厳しいと述べたが，およそ図 1.5 のようになっていて，初期資源量に対して 54% まで減ったら禁漁にする．それより上だったら，その量に応じて捕獲枠を決めるというわけである．

先ほど，フィードバック制御のときに，捕獲枠の変え方はあらかじめ決めておくと述べた．これは「捕獲枠算定規則」，英語では catch limit algorithm という．このアルゴリズムを決めることが非常に大事である．捕獲枠を，た

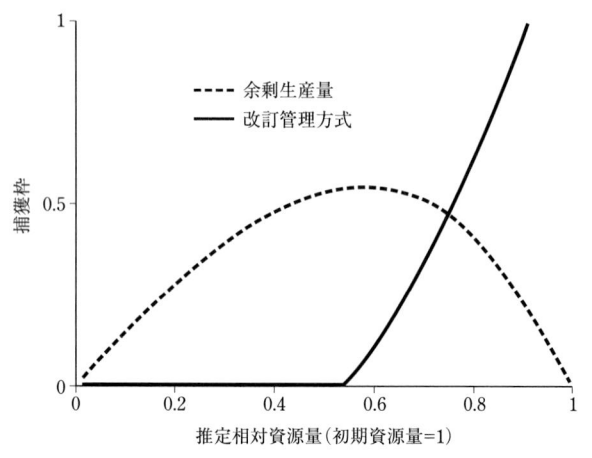

図 1.5 IWC の改訂管理方式におけるフィードバック制御の考え方（加藤・大隅，1995 より改変）．

とえば10万頭あるいは5000頭などのように決めても，万一資源が減ったときには禁漁にする．そうしないと失敗するリスクが非常に高まる．逆に，たくさん捕っていても，減ったときに捕るのをやめると決めておけば，ほんとうに乱獲で資源が枯渇することは避けられるのである．そういうアルゴリズムを決めることが大切である．

　私はよく，選挙制度にたとえていうのだが，選挙定数は，いつももめている．あれは定数を決めるからである．そうではなくて，人口比がこうなったときにはどのような定数に配分するというアルゴリズムを法律で可決しておけば，その後はもめないはずである．順応的管理とはそのようなものと考えればよい．

　そうすると，順応的管理は監視を続けることが大切である．状態変化をずっと追っていかなくてはいけない．その予算をどうやって確保するかが問題なのである．また，国際捕鯨委員会では，推定値の決め方でもめている．もう10年以上，76万頭のつぎの新しい数字が決まらなかった．そして，8年以上，新しい資源量推定値の合意がなかったらどんどん捕獲枠を減らして，それから5年たった13年後には限度量をゼロにする．これを，フェーズアウトルールという．したがって，もめたら前のままの76万頭捕り続けるの

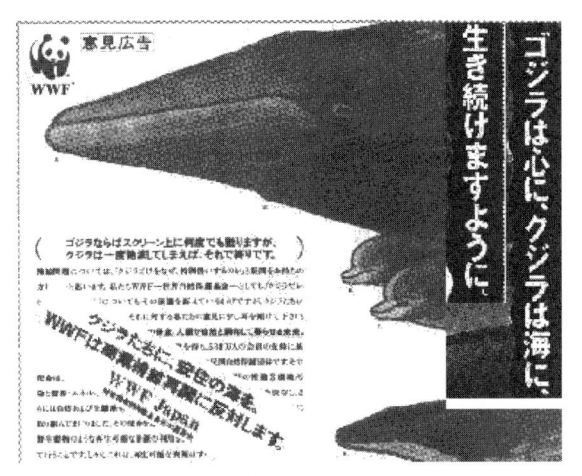

図 1.6　WWF ジャパンが出した意見広告.

図 1.7　BBC インターネットニュースでの捕鯨再開を予期する記事（2001 年 6 月 27 日）.

表 1.2 WWF ジャパンの対話宣言.

新たな一歩を踏み出すとき（2002.4 会報）
　クジラをめぐる問題は，今も混迷を極めています．対立する利害関係や，心情的なもつれなども加わって，事はいっそう複雑です．しかし，もうそろそろ，解決に向かう新たな一歩が踏み出されるべきです．
　WWF は，50 カ国に及ぶ国際団体であり，クジラに関しても，国によってさまざまな意見があります．これまで，商業捕鯨をなくしていこうとする意見がより強く反映されてきました．それは，乱獲によるクジラ類の激減をくい止める大きな力になりました．しかし，乱獲の最大の理由であった鯨油の需要がなくなった今，WWF もまた，次の一歩を踏み出すときに来ているといえます．（後略）

http://www.wwf.or.jp/marine/kujira/index.htm

ではなくて，捕獲枠はどんどん減ってしまう．したがって，合意しなければいけないということになる．IWC 科学委員会では，推定値をめぐってもめることも想定し，そこまで決めていた．

このようなクジラだが，それでもなお，環境団体は商業捕鯨再開に絶対反対だった．図 1.6 は，かつての WWF ジャパンの意見広告だが，「ゴジラは心に，クジラは海に生き続けますように」と書いている．ただ，2001 年，BBC のアレックス・カービーというジャーナリストは，けっこう冷静に見ていて，もうすぐ環境団体は，限定的な捕鯨を認めるようになっていくだろうという記事を載せた（図 1.7）．これを見て私は，BBC の記者でさえそういっているが，日本の環境団体はどうなのだといろいろ呼びかけたところ，2002 年 4 月に下関で開かれた IWC 総会の直前に，WWF ジャパンが対話宣言を出してくれた（表 1.2）．教条的にずっとやっていくのではなくて，解決に向かうべきだという主張である．クジラで利益を得ている人も当然いるし，絶対だめだという人もいる．しかし，今そんなに絶滅の危機はない．それなら，やはり対話をすべきではないかということを WWF ジャパンにしっかり書いていただいたのである．

この方針はその後も変わらないのだが，世界中から袋だたきに遭った．学術論文で見たこともないような単語を使ったののしり言葉がいろいろ並んだ．ただし，改訂管理方式は順応的管理の先駆例である．そして順応的管理は，いまや生物多様性条約だけではなくて，世界中の環境団体が捕鯨以外では推奨しているものであるということを覚えておいていただきたい．

（3）日本の漁獲可能量の決め方

つぎに，ほかの漁業はどうなっているのかということを少しだけ述べる．以前，国連海洋法条約の会議があり，そこで生態系アプローチ（ecosystem approach）という言葉がいったいどういう意味を持つかについて，私を含めて何人かの研究者が呼ばれて議論をしたことがある．国連海洋法条約自体は，人類共通の財産である資源を持続的に利用し，沿岸国が優先的に利用するが，管理義務を持つというものである．それにともなって，いわゆる200海里水域，より正確には排他的経済水域（EEZ）のなかで，管理義務にしたがって，7つの魚種について漁獲可能量（Total Allowable Catch；TAC）を毎年決めている．これは，ほんとうに管理が必要なものというよりは，どちらかというと排他的に利用したいものに偏っていると私は思う．国連海洋法条約では，TACを毎年決めることと規定されている．

それはどういう決め方をしているかというルールが書かれていて，ここでも，私も含めて侃々諤々の議論をした．1つは，国際捕鯨委員会の絵と明確にちがうのは，たとえば54％（図1.5）に減ったら禁漁などということが最初はなかったのである．いくら減っても，細々とでも漁業ができるように引いてあったのである．これはないだろうということである．逆にいえば，ここまで減ることをほんとうに心配していることになる．ここまで減らさないという決意を示すのだったら，途中でゼロと，禁漁としてほしいということになった．ほかにもいくつか批判したところがあり，私は全部で6つの「×印」を置いた（図1.8）．現在では，図2.7（p.41）のように，一部は改正されている．まず，「乱獲」されなければ漁獲圧を下げなくてよいというところがおかしい．資源は自然状態でも変動するから，資源が目標値より減ることは必ずしも管理の失敗ではない．つまり，後に述べるように基準値をB_{limit}とB_{ban}の2つ設けて，B_{limit}より資源が減ったら漁獲圧を下げて資源回復を目指し，さらにB_{ban}より減ったら禁漁にすればよい．B_{ban}より減ったときに乱獲と見なすべきである．B_{limit}の決め方については，MSYが計算上達成できる資源水準B_{MSY}に比べて自然死亡係数Mだけ低いところに定めるというのは，根拠希薄である．そもそもMSY水準を基準値にとる必要はない．水産資源は自然状態でも大きく変動し，定常状態を仮定した古典的

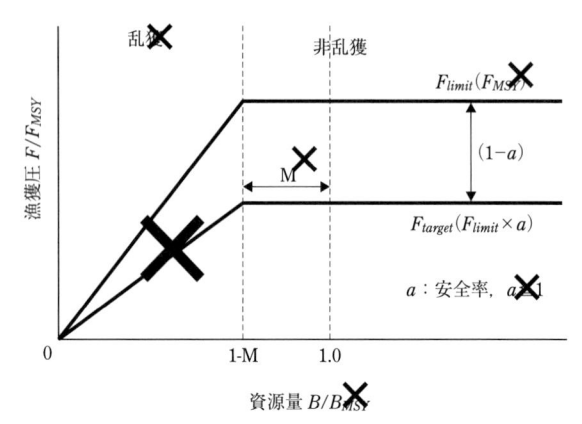

図 1.8 生物学的許容漁獲量（ABC）の決め方（水産庁平成14年版）の模式図．×印は私が批判した部分（松田，2004より）．

MSY 理論は適用できない．資源が多いときに F_{MSY} で獲ることになっているが，多いときには経済的に合理的な漁獲圧で獲るべきで，生態学的な規制は不要である．さらに，安全率 a だけ控え目に獲るべきとしているが，これも不要である．要するに，資源状態が良好なときに漁業の手を縛り，悪化したときに抜け道をつくる制度になっている．

　このような順応的管理においてきわめて重要なことは，科学者の役割が非常に増しているということである．まず科学者のほうが，どのぐらい獲ってよいという量を答申する．これを，生物学的許容漁獲量（Allowable Biological Catch；ABC）という．その後，社会の合意として漁獲可能量（TAC）が決まるというようになっているわけである．その ABC を日本海側でゼロ（混獲のみ）にしようという話になったことがある．そのときに，業界からの猛烈な反発を招いた．しかし，ここまで減らしたのは，むしろ漁業者の責任だと思う．マイワシはもともと変動する．だから，減ってもよいのだが，減ったときに漁船が獲りすぎているのが問題である．

1.3 絶滅リスクと水産資源

（1）ミナミマグロは絶滅するのか

シカは増えすぎているが，つぎに紹介するマグロは減りすぎている．しかし，絶滅するかといえば，資源管理とは別の話になる．たとえば，ミナミマグロ（別名インドマグロ *Thunnus maccoi*）は絶滅寸前だとかマグロは9割減っているとか，2000年代にさかんに報道されていたが，ほんとうに絶滅寸前なのか．図1.9が，これまでの減り方である．今，管理されて，資源量はじつは上向いているのだが，ずっと下降が続いたとしても，少なくともおよそ50年ぐらいは絶滅しないわけである．このようなミナミマグロは，レッドデータブックでは，シロナガスクジラよりも厳しいランク，最高ランクの絶滅危惧Ia類（critically endangered）として載っている．環境団体は，ミナミマグロがレッドリストに載っていることを理由に乱獲されているといっている．これは本末転倒であって，ちょっと度が過ぎた意見であると思う．一方，カナダのムロソフスキー博士は，"Nature"という雑誌に，「国際自然保護連合の信頼が絶滅寸前だ」と書いている（Mrosovsky, 1997；図1.10）．

なにごとも両面を見なければいけない．では，ミナミマグロはたくさん獲

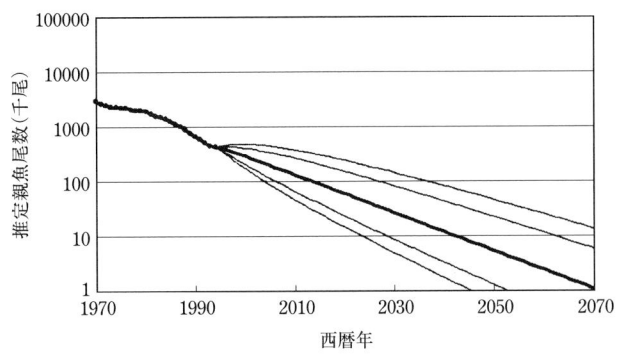

図1.9 ミナミマグロの親魚尾数の将来予測．太線と4つの細線は過去の乱獲時代の減少率がそのまま続くと仮定した場合の点推定値，95%および99%信頼区間（Matsuda *et al.*, 1997より）．

commentary
IUCN's credibility critically endangered

The IUCN is the world's main authority on the conservation status of species, so it is important that its recommendations are based on sound and open science. Recent events suggest that this is not always the case.

図 1.10 "Nature"誌に意見を寄せたムロソフスキー博士と著者（2002 年トロント大学の彼の研究室にて）．

って大丈夫かというと，そんなことはない．絶滅寸前ではないけれども，かなり厳しい状態で管理が必要である．国際管理においては，多くの漁業管理は順応的管理で行われている．ここでは数値目標が具体的に決まっていて，1989 年に決められた数値目標は，2020 年までに 1980 年レベルまで資源を回復させるというものだった．図 2.6（p.40）の縦軸は，対数軸である．やっと上向いてきた，このままいくと大丈夫かなと思ったかもしれないが，私たちがこのとき計算した結果によると，目標達成はぜったい無理だと予測された．実際，今はこうなっている．

どうしてこうなるかという話は別の機会に譲るが，やっぱり科学者の意見はちゃんと聞いてほしい．いきなり回復するなんていうのはあまい．もっと厳しい管理が必要かということになる．

今，ミナミマグロはどうなっているかというと，2003 年，「2020 年までに 1980 年の資源水準に回復させる」という数値目標をやめた．これは無理だということが，ようやくわかったということである．私たちが論文を出してから 2 年後にやめた．大事なことは，将来予想は外れるものだということで

ある．なぜならば，未実証の前提で予想しているからだ．当然，前提を変えれば予想も変わるわけである．

そうすると，できるだけ恣意的でない前提が必要になるし，ある意味では広い前提が必要になる．いろいろなシナリオを考えるということである．先ほど述べたように，こういう目標を立てたけれども，実現可能性の吟味があまかったということになる．実現可能性の吟味は，もっとしっかりやらないといけないが，ぜったいにそうなるという約束はできないのである．そこで大事なことが，リスク管理という考え方である．つまり，だいたいはそうなるだろうと予想しつつ，ならないことも，ある程度，想定しながらやらなくてはいけない．そのリスクを減らすための方策が，じつは順応的管理である．つまり，監視を続けて危なそうだなと思ったときに，瞬時に柔軟に変えていく．それによって，数値目標をいかに達成するかを真剣に考える．5年前に決めたことだから，もう変えられないなどといっていると，どんどんリスクは増してしまう．そういうことのないようにすることが大事になる．

（2）水産資源のリスク管理

ある水産の会合で，「去年と今年，結果が変わりました」と科学者が平然といっているのを見て，私はちょっと怒ったことがある．「漁業者は真剣勝負である．漁業者には管理が必要だ必要だとわれわれはいっているのに，われわれがあっさり変えるようだったら，漁業者に信用されないだろう」．それは，前年の不確実性の考慮があまかったからである．自分の趣味で前提を決めてはいけない．1年後に撤回するような予測なら，しないほうがよい．つねに1年先，3年先に自分がなにをいう可能性があるかを想定して評価すべきである．それが科学者の社会的責任というものである．昔のことをいうのは簡単で，評論家でもできる．科学者の仕事は，過去と未来を読むことである．

未来はひととおりに予測できないということが大事なのだが，たとえば2003年のある水産関係の例がある．ある政策をとったら実線になる，ある政策なら破線になる（図1.11左）．これはひととおりの未来を描いている．しかし，漁業者は，こんなのは絶対に信じない．彼らは，このとおりにならないというであろう．たぶん漁業者のいうことのほうがあたる．実際の資源

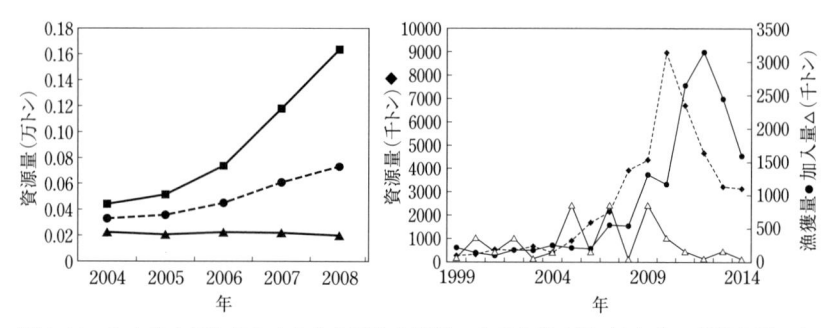

図 1.11 シナリオごとになめらかな平均的予測の未来を描く図（左）と，乱数を引いた計算機実験の図（右）．

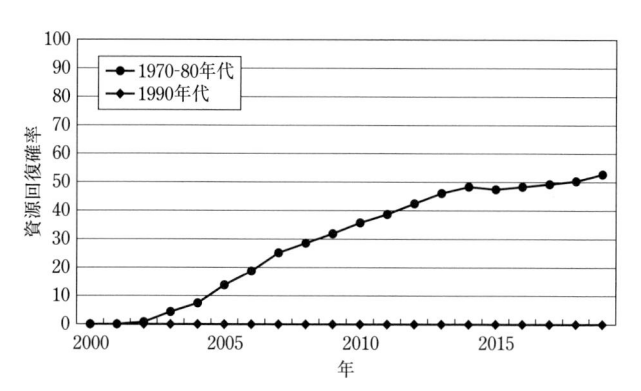

図 1.12 乱数を引いた計算機実験を繰り返して資源回復確率を求めた図（Kawai *et al.*, 2002 より）．

変動は，図 1.11 右のようにギザギザしている．このグラフは乱数を引くたびに変わる．私のサイトでそれを体験できる（2001/mackerel.xls）．

　図 1.11 左はある平均値にもとづいているのであって，不確実性は考慮していない．それに対して私がいつも出している図（「資源回復確率」という）は，たとえば，2010 年までに 100 万トンに回復する確率は 4 割であることを示す（図 1.12）．それは昔の漁業をした場合で，今のように子どもを獲り続ける漁業をやったら永久に回復しない．これがリスク評価である．だから，この縦軸は確率であるということに注意してほしい．今，資源評価は，水産

の分野のほとんどの業種について，この資源回復確率を出すリスク管理が定着しつつある．

　浮魚の漁獲量は変動している．この変動の大半は自然変動である．よく乱獲か自然変動かというが，ひとことでいえば，マイワシが1980年代に450万トン獲れた後，90年代に入って減りだした．これは自然変動である．しかし，10万トンを切ってまで，まだたくさん獲って減り続けている．これは明らかに乱獲である．そういうメリハリの効いたことをいわないと，うまくいかない．

1.4　順応的管理と科学者の役割

（1）知床世界自然遺産登録時の悩み

　知床は世界自然遺産に登録されたが，この海域は，べったりと定置網が並んでいる漁場である（図1.13）．評価した国際自然保護連合（IUCN）からは，海域の保護レベルを強めるようにというお達しがきた．私は，知床世界

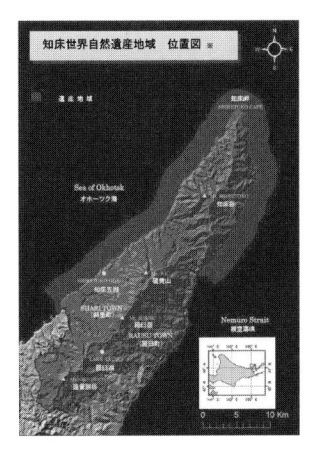

図 1.13　知床世界自然遺産の登録地域（灰色の部分，環境省資料より）．

自然遺産登録地科学委員会の委員を務めているが，この登録の過程はかなり迷走した．管理計画をつくった後でIUCNが視察して書簡を送ってきた．この書簡はすぐに公開されなかったが，保護を強化しなさいとか，ダムはどうしろというようなことがいろいろ並んでいたわけである．それは科学委員会にも教えられなかった．途中で報道されて，科学委員会もそれを知ることになった．

科学委員会は，これに関して科学的な見地から対応することが必要だということで，事務方はなにも招集をかけなかったが，科学委員会の座長が自主的に科学委員とメールで議論を始めて，文章をまとめた．IUCNのいうことは，一部はもっともである．対応をこういうふうにとれば乗り切れるだろうということをいったのだが，政府の回答は，IUCNがいうような規制は必要がないというものであった（図1.14）．いわば，これは論文を出すときに，査読者から注文をつけられたのに，査読者の指摘に対応しなかったといって送り返すようなものである．学術論文の場合，このような対応ではだいたい却下される．

図1.14 新たな漁業規制は不要という政府回答を報道する2004年10月7日付の北海道新聞．

知床世界自然遺産申請も却下されると私は思ったのだが，IUCN はもう一度書簡を送ってきた．今度は，かなりあからさまに，「どうしろ」といってきたわけである．いわば内政問題であるから，ここまであからさまにいうのかというぐらいのことをいってきた．しかし，却下されなかっただけましだった．今度は，国から科学委員会にしっかりとボールが投げられて，科学委員会のほうで対応案を考えた．そのときに私たちが非常に困ったのは，政府が地元の漁協に対して新たな規制はしないと公約していたことである．これは公文書による公約である．ところが，IUCN は海の保護レベルの強化を図れという．この 2 つの矛盾を解決しなくてはならない．それではどうするかというと，政府が規制するのではなくて漁協が自主的に保護レベルを強化するしかないと私はいった．

図 1.15　科学委員会と漁業者の対話を報じる 2005 年 3 月 19 日付の北海道新聞．

じつは，日本の漁協はそういう自主管理を今までにもやってきたのである．つまり，政府が上意下達型で管理するのではなく，自主管理する．これは漁業だけではない．私は日本の化学業界なども見ているが，そこでも同じで，自主管理という方法をやっている．これは，海外で評価されている．海外の言葉では，マネジメントに対して"co-management（共同管理）"という．これを英語で説明すれば，たぶんここは乗り切れるだろうと私は思っていた（2008年にIUCNとユネスコの視察団が訪問した際，この点を紹介し，「ボトムアップアプローチ」については「ほかの世界遺産のモデル」と賞賛された．その後2010年に，国際コモンズ学会がこの逸話を「日本の沿岸漁業の共同管理」と題して世界の6つのインパクトストーリーの1つに選んだ）．

　ただ，当然，漁業者側は不信感を持つ．いったん約束したら後戻りできないのではないかということである．政府のほうは，もう規制はしませんといっていたのだが，科学者が漁業者と対話をさせろということで，科学委員が釧路まで訪ねていった．ある専門家は――これはオフレコだったはずなのだが，新聞に漏れてしまったのでいうが，私ではない――「永遠に漁業規制がないなんて，そんなことはありえない」と語りかけたという（図1.15）．このように本音をいわれると，漁業者のほうも納得できる．それでは，それを乗り切るための手段を考えよう．もちろん，漁業者は知床を世界自然遺産にしないという選択肢もあったわけである．しかし，それをとるのはかなりむずかしかったと思う．問題は山積している．これを解くには，やはり科学委員会の役割がかなり重いものである．

（2）生態リスク管理と科学者の役割

　そのように考えたときに，横浜国立大学では，「生態リスク管理の基本手順」というフローチャートを描いた（図1.16）．科学者がなにをやるべきか，社会の合意形成がなにをやるべきかというキャッチボールの絵を描いている．問題があったときに，科学委員会（有識者会議）を組織するとともに，地域の利害関係者の協議会を組織する．科学委員会のほうは，いったいなにが問題かを科学的に考える．放っておいたらなにが起こるか．放っておいて悪い事態が起こるということであれば，それを答申する．それによって，対処するかどうかを決める．そこで要らないとなったら要らないのである．

1.4　順応的管理と科学者の役割　25

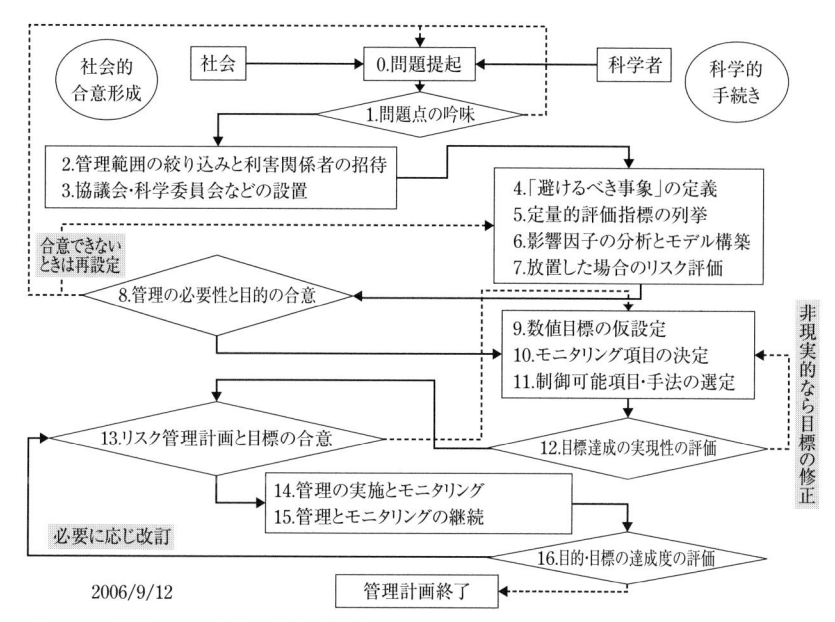

図 1.16　生態リスク管理の基本手順（浦野・松田，2007；Rossberg *et al.*, 2005 より改変）．

　そのときに抽象的な理念を合意する．たとえばエゾシカの例では，シカ肉を利用することを目的に掲げている．肉として利用するのがよいか悪いかは価値観の問題であって，生態学者が決めることではない．そういう問題は，こういう社会の合意を経てから，その目的に合致する目標を具体的に定めていく．たとえばミナミマグロを守る，漁業とミナミマグロの共存という目的が合意されたとすると，それにもとづいて，それでは持続可能な漁業をやるためには，何年までに 1980 年レベルに戻さなければいけないかなどということを詰めていくのが科学委員会の役割である．そして，その目標が実現可能なものであるかを吟味することが大事になる．クジラの場合には，失敗するリスクを避けるために，きわめて保守的な手段が選ばれたということになる．それをもとに，その実施計画案を社会に投げて，合意するか差し戻すかを社会が決める．目的を合意するという作業を踏んでおかないと，科学者の，自分の個人的価値観で全部突っ走ってしまうことになる．これでは，社会はたぶん合意しない．途中で必ず社会に価値観を明示し，その価値観にもとづ

いて管理計画をつくることが大事になってくるわけである．

（3）順応的管理の7つの鉄則

では，7つの鉄則を説明する．7つの鉄則は表1.3のとおりである．まず，先ほど述べたとおり，実証されていない前提で管理を進める．しかし，どんな仮説を用いたかを明記することが大事である．方策をモニタリング結果に応じて変えるのだが，どう変えるかのアルゴリズムを決めておく．このアルゴリズムという言葉が重要である．そのときに，その計画がうまくいっているかいっていないかがわかる評価基準を定める．「生物多様性を守る」などという抽象的な目標では，達成しているかどうかわからない．一方，たとえば，「エゾシカの数を1993年の半分に減らす」という目標ならば，推定誤差はあるが，達成しているかどうかがわかるだろう．そういう具体的な評価基準を定めることが大事である．もちろん1つとは限らない．評価基準はたくさんあってもよい．そして，ひととおりの未来を描かないという意味で，不確実性を考慮したリスク管理を行うことが重要である．

想定内を増やす．これは後で説明する．そして，サイモン・レヴィンの戒めにあった信頼関係．最後には，実証されていないのだから，将来，まちがいといわれるかもしれないという自覚を持ってやることが大事である．そうすると，あまり極端な方策をとらないことになる．

私は，日本というのは，他国に比べてずっと中庸の美徳を維持すると思う．たとえば，私はよく講演などで聴衆に肉，魚をいっさい食べないという菜食主義（vegetarian）の方がいるかとたずねる．普通は1人もいない．しかし，たとえばアメリカの動物学教室の大学院生の講義などに行って同じことやっ

表1.3 順応的管理の7つの鉄則（松田・西川，2007より）．

1. 用いた仮説を明記すること
2. 方策の変え方を予め決めておくこと
3. 評価基準を定めること
4. 不確実性を考慮したリスク管理を行うこと
5. 想定内を増やすこと
6. 信頼関係を築くこと
7. 現在の判断がまちがいかもしれないと自覚すること

たら，多ければ半分くらい手をあげるだろう．彼らの前の世代，すなわち現在の教授たちの世代は，私たち日本人よりおそらく肉をたくさん食べている．彼らが菜食主義になるのは彼らの選択だが，彼ら自身の新たな主義主張が世界標準だといって世界に押しつけ始めると，いろいろなきしみを生じるということがあると思う．

　用いた仮説を明記する．たとえば，かつて東北海道だけで12万頭ぐらいシカがいるだろうと述べたが，これはまちがいということになり，2000年に20万頭説に改めた．監視を続けて，毎年数万頭ずつ捕っているのに少しずつしか減らない．12万頭だったら，私のコンピュータでは雄ジカの数はマイナスである．そこから，前提の12万頭がまちがっているということがわかるわけである．ちなみに，20万頭説を私が原著論文にしたのは2002年だから，論文になる前に，北海道は見解を改めたことになる．

　このように，前提を変えた場合の管理方針の変え方を決めておくということである．先ほど述べたとおり，捕獲枠算定規則を国際捕鯨委員会（IWC）ではつくっている．算定規則（アルゴリズム）を決めないで，後から変え方を決めようというのはよくない．これは，まさに無責任な試行錯誤であるということになる．そして，評価基準を定めることが重要である．

　不確実性を考慮する．すなわち，ひととおりの未来を描かないということである．しかし，不確実性にはさまざまなものがある．たとえばヒグマの管理計画の例をあげる．クマには，異常出没する年がある．ドングリの実りが悪いときにたくさんクマが人里に出てくるといわれる．たとえば10人の人たちがクマに襲われて犠牲になったら，クマと共存しようとする保護管理計画は世論がもたないだろうなとか，関係者の内部ではそういう話をしている．

　風力発電所に鳥が衝突する問題（バード・ストライク）も同じである．天然記念物に指定されているオジロワシやマガンなどの鳥が風力発電所にあたる．1羽もあたらないなんて私はいわない．しかし，それが個体群の全体の数に対して無視できる範囲であれば，私は鳥と風力発電所は共存できると思っている．そのほかは価値観の問題である．ただ毎年10羽あたるのでは世論がもたないだろう．猛禽や天然記念物の個体群はもつかもしれないが，世論がもたないという衝突数がある．そのあたりを考えておかなければいけない．

生態系管理において考えるべき不確実性には，少なくとも3つの種類がある．1つは，測定するときの推定誤差である．もう1つは環境変動などによって，たとえば，実際に大量死してしまうとか異常に増えるということが起こる．自然は非定常なのである．これを過程誤差という．最後は，管理計画自身の実施がうまくいかないということがある．これを実行誤差という．これらを，できればすべて生態系管理計画に織り込んでいただきたい．なにも数理モデルに全部織り込めとはいわないが，ほんとうに責任を持って管理している担当者の方ならば，いろいろな不確定要素を考えておかないと，翌年，自分が置かれる立場はさまざまであり，それらに対処できるようにしておくべきである．

先ほども述べたように，一度決めたことを変えない，たとえば毎年10万頭ずつ獲るという方策をずっととり続けるよりは，臨機応変に捕獲数を変えていくほうが，ずっと失敗するリスクは減る．

「想定内」という言葉をはやらせた人は堀江貴文氏である（表 1.4）．当然，経営もリスク管理だから，よく考えられている．「想定の範囲内です」と彼が答えたときには，フジテレビが必ずそうするという予想ではなかったと思う．こういう手をとるかもしれないし，ああいう手をとるかもしれない．こういう手をとったらどうしよう，ああいう手をとったらどうしようといろいろ考えていただろう．まさにそれが，想定内ということである．ひととおりの未来を予想するだけではいけない．複数の可能性を予想し，それぞれの事態に対してどう対応するかをあらかじめ考えておくことが重要になる．彼が，自分が逮捕されることを予想していなかったかどうかはわからない．しかし，対応の方法は考えていなかっただろう．予想していたが，対応を考えていな

表 1.4 リスク管理——最低限やってほしいこと．

解決すべき目標を絞る
複数の管理者で以下を計画
さまざまな起こりえる事態を予想し
その発生頻度を推測し
それぞれの事態への対応を準備し（想定内）
それらの計画を公表する
対策をとらない想定外があることを自覚する

かったということは，想定外ということになる．堀江氏の場合，想定内とは，対策をあらかじめ考えておくことだけに限って使われていた．

　すぐに解決できないこともあるとしても，将来解決できる可能性はある．そうすると，1年後，3年後，10年後に自分がなにをいうか．このとき，3年後にこういう事態が予想されて，こういわざるをえないのであれば，今年からある程度こういっておこうという布石がいろいろ考えられるわけである．

　まさに，リスク管理はだれでもやっている車の運転である．「だろう運転」ではなく，「かもしれない運転」をしてほしい．リスク管理とはなにか．この言葉は，日本で自動車の運転免許を取った人ならだれでも知っている言葉であろう．この言葉こそリスク管理である．車では「かもしれない運転」は常識かもしれないが，行政の管理で「だろう運転」をやってしまうことになってはいけないわけである．自然再生事業も，もちろん同じである．残念ながら，環境行政において，「だろう運転」をしていると感じられる例は少なくない．

　ただし，予想したことすべてに対策を立てられると思っているとすれば，それはちがう．それこそ，人間の力に限界があることを知らない「奢り」といえるだろう．当然のことながら，車の運転を見てもわかるが，絶対に事故を起こさないということは不可能である．ほんとうに，どんな飛び出しがあるかもわからないし，対向車が酔っぱらい運転でセンターラインをオーバーしてくるかもしれない．それに全部対応していたら，運転できない．しかし，リスクやハザードを減らすことはできる．「相手がまちがえない限りうまくいく」運転でも，ほんとうはいけない．多少まちがったとしても，交通事故を避けることはある程度可能なはずである．もちろん，それは自分がどれだけ急いでいるかにも依存するので，できる範囲で安全運転をすること，ゆとりを持って運転し，ゆとりのあるときにはその分だけ安全運転を心がけることが，まさにリスク管理であるということを覚えておいていただきたい．

　そして，サイモン・レヴィンの8つの戒めにあるとおり，信頼関係を築くということである．一度，管理計画，目的において合意するというときには，当然，信頼関係が重要になる．これをいかに築くか．もちろん，対立する相手，あるいは利害が対立する相手があるわけだが，それでも，共通の目標がもしあるならば信頼関係を築いていく．少なくとも，利害はちがっていても

裏切ることはないという関係が重要になってくる．

　私がいつもいう言葉は，この最後の言葉である．これは，アルフレッド・ホワイトヘッドという哲学者の言葉なのだが，ベゴン，ハーパー，タウンゼント（Michael Begon, John L. Harper, Colin R. Townsend）共著の『生態学』という有名な生態学の教科書（邦訳『生態学——個体・個体群・群集の科学』）がある．その本の序文にも書いてある．「単純さを求めよ，しかし，それを信じるな」（Seek simplicity, but distrust it）．いたずらに複雑なモデルや複雑なフローチャートをつくる．つくっておいて，けっきょく，自分でもなにをやっているかわからなくなるようではいけないわけである．ある程度，明確なメッセージを提示しなければいけない．だから，単純さを求めなさい．ただし，それがずっと正しいと思っていてはいけない．いくら複雑にしても，だからといって信じられるものではないわけである．この言葉を，ぜひ覚えておいていただきたい．

（4）日本生態学会委員会の自然再生事業指針

　日本生態学会生態系管理専門委員会では，自然再生事業指針を委員会でまとめた．24原則といって，表1.5のように列挙している．日本生態学会委員会では，それにもとづいて各地の自然再生事業のおさらいをしている．自然再生事業だけではなく，生態系に関する事業も含めて調べている．私たち研究者が評価すると，だいたいぼろぼろに批判する．教育の基本はほめることである．これは教育学と動物心理学の定説である．私たち生態学が専門の教員はそれを知っているはずである．先ほど信頼関係を築けというのがあったが，少なくとも，よい点はほめようというように申し合わせている．

　この事業指針は大きく5つに分かれる．表1.6は，じつは八重山諸島の石西礁湖の全体構想のなかに書かれたことで，表1.5の各原則に対応する部分を書いたわけだが，自然再生事業指針が重視されていることがわかる．大事なことは，前提を明らかにするというのがあったが，基本認識を明確にする，つまり，今どうなっているか，放置したらどうなるのか，どういう未来を描こうとしているのかを明確にしておくことが大切である．

　そのうえで，たとえば，できるだけその地域のものを使って，よそから動植物を持ってくるな，その地域のものは絶滅危惧種だけではなくて普通種も

表 1.5 自然再生事業指針の 24 原則（松田ほか，2005 より）．

【自然再生事業の対象】自然再生事業で再生する対象は以下のとおりである．
 1. 生物種と生育・生息場所．
 2. 群集構造と種間関係．
 3. 生態系の機能．
 4. 生態系の繋がり．
 5. 人と自然との持続的なかかわり．

【基本認識の明確化】これらの目標を達成するため，以下を明確にする．
 6. 生物相と生態系の現状を科学的に把握し，事業の必要性を検討する．
 7. 放置したときの将来を予測し，手を加えるとすればその理由を明らかにする．
 8. 時間的・空間的広がりを考慮して，再生すべき生態系の姿を明らかにする．
 9. 自然の遷移をどの程度止めるべきかを検討する．

【自然再生事業を進めるうえでの原則】これらの目的を達成するため，以下の諸原則を遵守すべきである．
 10. その地域の生物を保全する（風土性の原則）．
 11. その地域の生物多様性（構成要素）を再生させる（多様性の原則）．
 12. その種の遺伝的変異性の維持に十分に配慮する（変異性維持の原則）．
 13. 自然の回復力を活かし，必要最小限の人為を加える（回復力活用の原則）．
 14. 事業に関わる多分野の研究者の協働（諸分野協働の原則）．
 15. 伝統的な技術や制度の尊重（伝統尊重の原則）．

【順応的管理の指針】不確実性に対処するため，以下の手法を活用すべきである．
 16. 不確実性に備えて予防原則を用いる．
 17. 管理計画に用いた仮説をモニタリングで検証し，状態変化に応じて方策を変える．
 18. 用いた仮説の誤りが判明した場合，中止を含めて速やかに是正する．
 19. 将来成否が評価できる具体的な目標を定める．
 20. 将来予測の不確実性の程度を示す．

【合意形成と連携の指針】このような計画は，以下のような手続きと体制によって進めるべきである．
 21. 科学者が適切な役割を果たす．
 22. 自然環境教育の実践を含む計画をつくる．
 23. 地域の多様な主体の間で合意をはかる．
 24. より広範な環境を守る取り組みとの連携をはかる．

含めて守ろう，遺伝的多様性も維持しようというように，できるだけ自然の回復力を生かして，箱庭みたいにしないでなるべく自然の素材を生かしていくということである．たとえば，昔，中池見で液化天然ガス基地をつくった．そのときにビオトープをつくった際は，移植をしなかったのである．ある地域を確保して，自然に生えてくるのを待っていた．あの計画自身には反対意見もあったのだが，自然の回復力を生かそうという配慮は，ある程度はあったわけである．そういうことを考えていただきたい．

表 1.6 自然再生事業指針 24 原則に対応すると思われる「石西礁湖の自然再生事業全体構想」の記述（2007 年，http://www.env.go.jp/nature/saisei/law-saisei/sekisei/sekisei0_full.pdf の記述）．

1. オニヒトデ対策を重点的に行う海域の選定
2. 固有性の高いサンゴ群集が分布している海域
3. 白化，土壌流入等による攪乱を受けにくい海域
4. 岸よりの砂地，海草藻場等サンゴ群集の隣接環境
5. 漁業と観光の利用上重要な海域
6. 1970 年の生物相調査，西太平洋サンゴ礁の北限
7. ストレス要因＝白化，オニヒトデ，赤土，水質悪化
8. 1972 年の国立公園指定当時
9. （波浪等物理的攪乱状況を推定）
10. サンゴ群集の修復を進める重要地域の選定
11. サンゴ礁生物群集（サンゴ・海藻・魚）の生物多様性評価
12. 種苗は原則として石西礁湖周辺のものを用いる
13. 自然自らの再生プロセスを人間が手助け
14. 専門家会議を組織，他の研究プロジェクトとの連携
15. 海と関係の深い地域伝統行事を見直し
16. 「予防的順応的態度」を明記
17. 事業着手後もモニタリングし結果を広く公開する
18. 施策はリスクを伴うので，その説明責任を果たす義務も必要
19. 環境負荷を軽減し，現状より悪化させない
20. 言及なし
21. オニヒトデの大発生を防ぐより保護重点区を守る合意
22. 自然教室開催，普及啓発施設の整備，サンゴ礁との触合い
23. 協議会の組織
24. 関係行政機関の協力を得てとりまとめた

　他分野の研究者が協働し，伝統的な技術，地域で伝統行事があったら積極的にかかわって，それを生かしながら自然再生事業と結びつけていくというようなことをすれば，かなり強いものになる．長続きさせることも考えなくてはいけない．

　しかし，いろいろなところの事業評価を見てみると，この順応的管理の根幹にかかわる部分はまだまだ達成が遅い．立てた目標がどのぐらい実現するか，どのぐらい失敗するか，そんなことは考えてもいないというところが，まだまだ多い．そういう意味では，漁業管理などの資源管理はわりと簡単だから，目標もわかりやすいし，ある程度はできるのだが，自然再生事業は生態系全体のことを考えることになるので，かなりむずかしいかもしれない．

それでも，具体的な目標を立てるべきである．これが具体的かどうかは，なかなか問題があるところである．もう少し具体的に書かないと，これでは5年後に評価が分かれるようなことが当然起こってくるであろう．先ほども述べたが，不確実性の程度はまだまだ書き込まれていない．これは石西礁湖だけではない．ほかでも，そうなっている．

　説明責任（accountability）という言葉は，薬害エイズ事件以降，かなり定着した．これに関しては，本来，役所としては非常にやりにくいことだったはずであるが，かなり説明責任を果たすように今の行政は劇的に変わっており，これはすばらしいことだと私は思う．

　つぎに，科学者自身の戒めとして適切な役割を果たすということである．価値観に類するところはできるだけ社会合意に投げて，それから後でないと，科学者が自分の価値観でやっていると思われたら，おそらくうまくいかない．科学的認識はよいのだが，価値観に関する部分はできるだけ社会の意思決定の場に投げて，社会の合意を得てから進めることが大事だと私は思う．

第 2 章　海の生物多様性
―― 資源管理と保全

2.1　マグロ――ワシントン条約と水産資源

（1）マグロ類 9 割減少説

　現行の絶滅危惧生物の判定基準では，ミナミマグロのように明らかに絶滅のおそれの低い生物が掲載されることがある．マグロ類の減少は過大に推定され，持続可能な利用と生物多様性保全の両立が不可能であるかのようにもいわれる．マグロ類減少の実態とその理由を紹介する．

　2003 年 7 月 14 日号の "Newsweek" 誌は，上位捕食者への乱獲によって海洋生態系が「死につつある？」と警告した（図 2.1）．これは，マグロなど海洋生態系の上位捕食者が，過去半世紀の間に 10 分の 1 に減少しているという Myers and Worm（2003）の推定などにもとづいている（図 2.2）．彼らは，上位捕食者については当分の間，禁漁措置が必要であると主張する．その根拠は，日本のマグロ延縄漁業による 100 針あたりの釣獲率の年次変化である（図 2.3）．このようなデータが 7 つの海の位置ごとに，生物種別に集計される．その空間配置も記録され，データベース化されている．釣獲率の多くが，半世紀前に比べて半分以下，ひどいものでは 10 分の 1 に減っていることが示された．

　これには国内外のマグロ研究者から異論が出された（魚住，2003）．そもそもマグロ類の漁獲量は 1960 年代より現在のほうがずっと多い（図 2.4）．Myers and Worm（2003）の仮説が正しいとすると，資源量は 10 分の 1 に激減したにもかかわらず，漁獲量は数倍に増加したことになり，不自然である．過去の資源量を過大評価しているか，現在を過小評価しているか，ある

図 2.1 海洋生態系の危機を訴える "Newsweek" 誌 2003 年 7 月 14 日号の表紙.

図 2.2 2006 年 6 月レイキャビクで催された Census of Marine Life（CoML）関係の会合参加者（左から 2 番目が Ransom Myers, 右端が Boris Worm. 左端は Ian Poiner, 中央は Frederick Grassle でこの 2 人が 2011 年コスモス国際賞を受賞した. 著者撮影）.

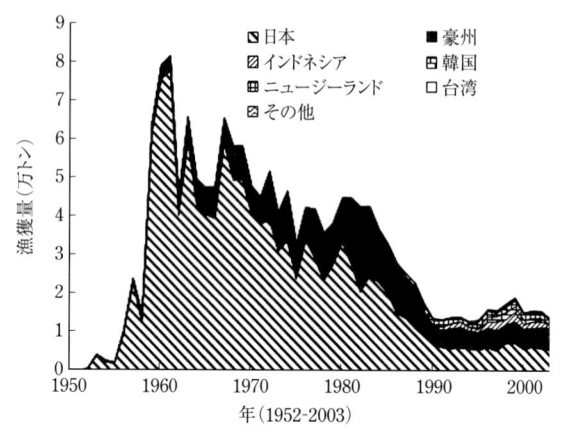

図 2.3 世界のミナミマグロ漁獲量．日本と豪州以外の国の漁獲量はたいへん少ない（CCSBT の報告書より作成）．

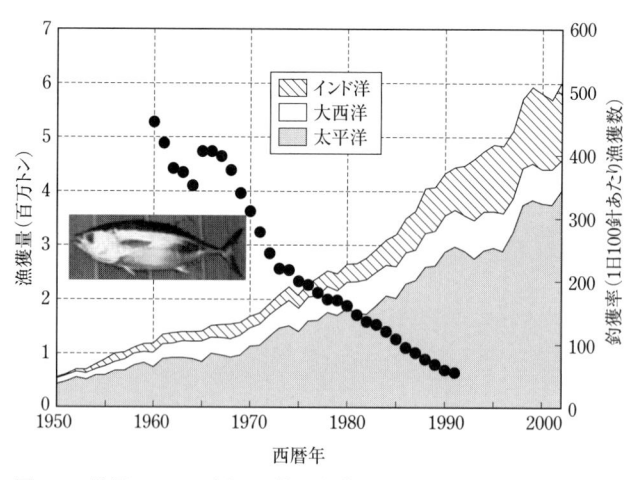

図 2.4 世界のマグロ類その他の漁獲量と延縄漁業マグロ釣獲率の年次変化（FAO の水産統計データベースより）．

いはその両方であると考えられる．要するに，減少率を大写しにしようということである．理由はいろいろ考えられるが，釣獲率が海のなかの資源量に比例しないことは，水産資源学の定説である．

ミナミマグロに限れば，7割以上の減少がミナミマグロ保存委員会でも指摘されている．その漁獲量を見ると，マグロ類全体とは異なり，過去に大規模に漁獲されていたことがうかがわれる（図2.3）．マグロ類全体では，9割減少が極端だとしても，半分以下に減ったと考えている専門家は多い．しかし，全面禁漁が必要とはいえない．

（2）絶滅危惧生物の判定基準

まだマグロ類はワシントン条約に掲載されていないが，国際自然保護連合（IUCN）のレッドリスト（絶滅危惧生物の目録）に載っている．IUCNのレッドリストは，大きく5つの評価基準があり，絶滅のおそれの高い順にCR（絶滅危惧Ia類），EN（Ib類），VU（Ⅱ類）の3段階に分けて掲載される（IUCN/SSC, 2001）．10年またはその生物で見て3世代の間の減少率が8割以上なら，もっとも重いCRである．ミナミマグロがこれに該当し，実際にCRに掲載された．シロナガスクジラはENであり，ミナミマグロのほうが絶滅のおそれが高いことになる．それにもかかわらず，CRと判定されたミナミマグロ（インドマグロ）は，パック入りのものが大規模店で売られている．ミナミマグロ保存条約（CCSBT）は1980年代末から抜本的な漁獲量管理を実行し，ようやく1990年代半ばに減少に歯止めがかかり，回復基調が見えてきたところである．管理していれば，禁漁しなくても資源は回復する．

もともと，1994年に公表されたIUCNの絶滅危惧種判定基準（Red List Criteria）では，絶滅のおそれの「ごく近い将来にきわめて高い種」をCR，「近い将来に非常に高い種」をEN，「中期的な将来に高い種」をVUと表現し，表2.1に示されたような5つの基準（表2.1は2001年基準で，若干修正されている）のうち，どれか1つ以上を満たすものと定義されている（松田，2000）．しかし，タイマイやミナミマグロなどの減少率が基準Aに該当し，ごく近い将来に絶滅するおそれがないにもかかわらず，1996年のIUCN総会でこれらが絶滅危惧種に掲載された際，判定基準の見直しが合わせて決議された．

表 2.1 IUCN（2001）の絶滅危惧種の判定基準の概要.

基準	CR	EN	VU
A1 管理された個体数の減少率が…¶	>90%/10年3世代	>70%/10年3世代	>50%/10年3世代
A2, 3, 4 個体数の減少率が…	>80%/10年3世代	>50%/10年3世代	>30%/10年3世代
B1 生息域が…	<10 km^2	<500 km^2	<2000 km^2
B2 分布域が…*	<100 km^2	<5000 km^2	<20000 km^2
C（C1）減り続けた個体数が…†	<250（25%/3年1世代の減少）	<2500（20%/5年2世代の減少）	<10000（10%/10年3世代の減少）
D1 個体数が…	<50	<250	<1000
E 絶滅のおそれが…	10年か3世代後（100年以内）に>50%	20年か5世代後（100年以内）に>20%	100年後に>10%

¶：10年または3世代の減少率が上記を満たせばよい．A1は減少の要因が，可逆的で，わかっていて，止まっていて，再発のおそれがないという条件をすべて満たしているときの基準であり，A2, A3, A4はそれ以外の場合で，それぞれ過去，将来，現在を含む任意の区間の減少率である．
*：面積が上記の条件を満たしていて，かつ①たくさんの小規模な分集団に分かれているか1カ所の生息域に集中している，②まだ減り続けている，③消長が激しい，のどれか2つを満たすとき．
†：個体数が上記の条件を満たす場合，C基準には2つの副基準がある．1つは括弧内に示すような減少率で減っている場合（C1基準）．もう1つは，小規模な分集団に分かれて大きな分集団（CR，EN，VUでそれぞれ50，250，1000個体以上）が1つもないか，全体の95%以上が1カ所の生息域に集中しているか，消長が激しいとき（C2基準）．

　5年間にわたる見直し作業によるもっとも大きな改正点は，基準A1を新設したことである．すなわち，管理された生物については減少率基準を少し改めた．さらに，言葉による表現が，5つの条件のうちどれか1つ以上を満たす，絶滅のおそれの「きわめて高い種」がCR，「非常に高い種」がEN，「高い種」がVUと定義され，「ごく近い将来」などの表現がなくなった．これは，ミナミマグロを除外するように基準を改めるのではなく，載せ続ける際に生じる矛盾を解消するための改訂だったといえるだろう（Matsuda, 2003）．

　日本の維管束植物では，より控えめな判定基準を用いている（環境庁，2000；種生物学会，2002）．まず，世代時間を用いず，10，20，100年後の絶滅のおそれだけで評価した．さらに，絶滅リスク（基準E）による評価と，過去10年間の減少率Rと現在の推定個体数Nから，t年後の個体数をN

$(1-R)^t/10$ と見積もり,10 年後,20 年後,100 年後の個体数が 50 個体,250 個体,1000 個体を下回るような個体数と減少率の組み合せのときに,それぞれ CR, EN, VU と判定した(図 2.5).ミナミマグロの減少率は 3 世代の間に 80% 以上と高いが,個体数も 100 万尾近く(図では表せないため,10 万尾とした)いるため,IUCN 基準では CR に該当するが,環境省の維管束植物の判定基準をかりに適用すれば,VU に相当する.

では,ミナミマグロは回復するのだろうか.その後の情報では,必ずしも順調には回復していない.私たちはその原因の 1 つは,齢構造の歪みにあると考えている.国際漁業管理機関である CCSBT は,1989 年からミナミマグロの未成魚を保護し始めた.図 2.6 に示すように,3-7 歳の未成魚はその直後から回復し始めたが,8 歳以上の成魚は 1993 年ごろまで減少を続けている.ようやく成魚が回復し始めた 90 年代半ばに,未成魚は逆に伸び悩んでいる.これは不思議なことではない.3 歳魚を保護してから 8 歳魚が増えるまでには 5 年かかる.そして,成魚が一番少ない 1993 年ごろに生まれた子どもは,たとえ保護されていても,個体数が少なくなる.そして,彼らが 8 歳になるころには,再び成魚の数が減る.

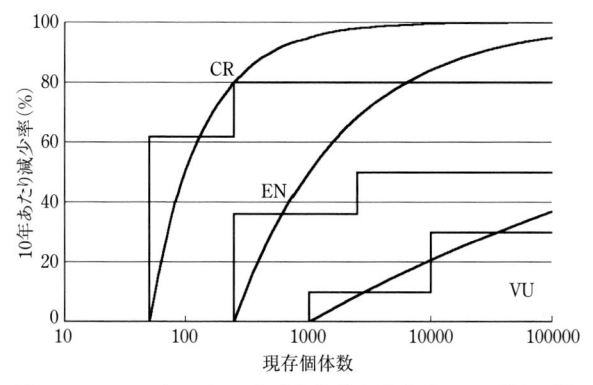

図 2.5 IUCN(2001)の絶滅危惧種判定基準 A-D(折れ線)と環境庁(2000)の絶滅危惧植物の判定基準「ACD」(曲線)の模式図(種生物学会,2002 より改変).それぞれ CR, EN, VU を表す.ともに,これら以外に絶滅リスクを評価した表 2.1 に示した基準 E がある.

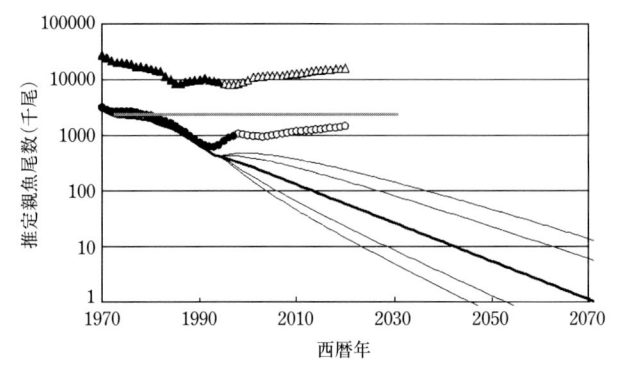

図 2.6 ミナミマグロの未成魚と成魚の資源尾数の将来予測．黒丸と白丸はそれぞれ 2000 年までの推定値とそれを用いた将来予測の中央値．水平線は 2020 年までの回復水準の目標（Mori *et al.*, 2001 より作成）．

これは日本のベビーブームとちょうど逆の関係である．1948 年ごろの第 1 次ベビーブームの子どもは，団塊世代と呼ばれた．これは戦争が終わって女性がたくさん子どもを産んだ結果である．しかし，1970 年代の第 2 次ベビーブームのころはすでに少子化の時代であったが，団塊世代の母親が多かったために，子どもの数も増えたのである．ミナミマグロでは，未成魚保護は 1989 年から続けられてきたが，1990 年代半ばは産まれた卵自体が少なかったので，再び数が減ったのである．30 年かけて減らした資源は，厳しい管理の下においても，やはり回復には 30 年程度の時間が必要だろう（松田，2000）．

（3）資源利用と生物多様性保全の両立を

生物多様性条約は，多様性の保全と持続可能な利用の両立を繰り返し説いている．乱獲による生物資源の減少は，個体群が絶滅に瀕しない限り，不可逆的な影響とはいえない．多くの場合，漁業をやめれば資源量水準は回復するだろう．

1996 年の国連海洋法条約の発効以降，排他的経済水域内の漁業資源を沿岸国が排他的に利用する場合，持続可能に資源を管理するために漁獲可能量（TAC）を定めることになっている．日本では，水産学者によって生物学的

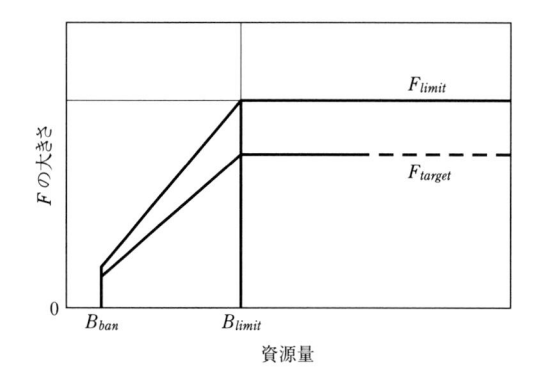

図 2.7 水産庁（2010）による生物学的許容漁獲量（ABC）の決定規則．F_{limit} が基本規則で，F_{target} が安全率を見込んだ規則．

許容漁獲量（ABC）が答申され，それに社会経済学的な要因を考慮して TAC を定めることになっている．ABC の決定規則は図 2.7 のように定められている．図 2.7 の縦軸は漁獲係数 F といい，資源量が B のときの漁獲量は近似的に $B \times F$ と表される．理論的には漁獲係数を F_{limit} に保てば資源を減らすことなく，持続可能な漁獲量を最大に維持できると考えられる．しかし，水産資源は自然変動が激しい．さらに，F_{limit} の推定値には不確実性があり，じつは資源を減らし続けるかもしれない．そのため，2 つの措置をとる．まず，資源量を毎年推定し，第 1 の閾値 B_{limit} を下回ったら漁獲係数を減らして資源の回復を目指す．つぎに，もともとの漁獲係数を低めの F_{target} に設定する．

しかし，この規則では，いくら資源が減ってもわずかながら漁業を続けることを許していた．漁獲係数 F_{limit} や資源量推定値を過大評価した場合など，依然として漁獲量が過大となり，激減してしまうおそれがある．現実に，マサバは 1991 年ごろに激減し，その後も獲り続け，いまだに回復していない．

資源量が多い間は，多少の減少は不可逆的な影響とはいえない．多少減るおそれがあるとしても，安全率を見込む必要はないだろう．しかし，資源が激減したときには，不可逆的な影響を避けるために思い切った措置が必要である．そこで，2003 年から，第 2 の閾値である B_{ban} が設けられ，これ以下

に減ったら許容漁獲量をゼロにすることになった．実際に2004年にマイワシ日本海系群でこの規則が適用されようとして，一部漁業者から激しい反発を招いた．このように，現状では，許容漁獲量の決定規則は増えた資源の漁業に厳しく，減った資源の漁業に「あまく」設定されている．本来は，その逆が望ましい．

　資源管理は，けっきょくは漁業者の管理であるといわれる．生物資源だけでなく，漁業も絶滅危惧産業であり，両者の保全を目指し，漁業が成り立っていけるような管理政策を考えることが，合意形成の条件である．

2.2　クジラ——生態学からみた捕鯨論争

（1）生物多様性条約とは

　1982年の国際捕鯨委員会（IWC）で商業捕鯨のモラトリアム（一時的停止）が採択されて以来，日本では大型鯨類の商業捕鯨が行われていない．シロナガスクジラのような絶滅危惧種だけでなく，クロミンククジラのように資源の減少が認められず（日本政府は今世紀に大幅に増えたと主張），絶滅のおそれのない鯨種も停止している．不確実性に備えた管理計画がつくられるまで商業捕鯨を停止するというのが，この停止の理由である．それと同時に，管理計画の改訂がIWC科学小委員会の使命となり，1994年に改訂管理方式（RMP）がIWC総会で合意された．しかし，その具体的な実施の段取りを定める改訂管理制度（RMS）についてはいまだに合意されず，商業捕鯨は再開されていない．

　経済活動が自由といっても，前世紀からの人為的影響により多くの生物が絶滅し，さらに絶滅のおそれが生じていること，自然環境が現在と将来の人間にとって欠かせない資産であることから，生物多様性を損なうような行為を抑制しようという国際合意ができつつある．1992年に採択された生物多様性条約は，①生態系・生物種・種内（遺伝子）の各レベルでの生物多様性の保全，②その構成要素の持続可能な利用の確保，③遺伝資源から得られる利益の公正で公平な分配，を目的としている．この目的を果たすために，締約国は①生物多様性保全国家戦略の策定と関連部門の計画・政策との統合，

②生物多様性の保全上重要な種・地域の選定と継続監視（monitoring）および関連情報の集積と維持管理，③保護地域制度の確立，生態系の維持・修復，絶滅危惧種の保護などの生息域内保全，④動植物園，種子銀行など関連施設の設置と維持，絶滅危惧種の増殖と野外への再導入などの生息域外保全，⑤野生生物資源の持続可能な利用と管理，⑥生物多様性保全を考慮した環境影響評価制度の確立，などがうたわれている．ちなみに，米国はこの条約を批准していない．

　国際捕鯨委員会（IWC）は鯨類の持続可能な利用を目的とする国際組織である．これらの条約や国際組織は，持続可能に資源を利用することを推奨している．しかし，反捕鯨国が大半を占めるようになり，目的と加盟国の現実が乖離しているともいわれる．ワシントン条約（絶滅のおそれのある野生動植物の種の国際取引に関する条約）では，鯨類は一括して附属書Ⅰに掲載され，国際商取引が禁止されている．ただし，日本やノルウェーなどは留保している．ノルウェーはIWCでも留保しているため，RMPのもとで商業捕鯨を行っている．その鯨肉は日本に輸出されるかもしれない．ワシントン条約も持続可能な利用を認めている．ただし，これらすべてに共通しているのは，絶滅のおそれが科学的に確実であることが実証されなくても，費用対効果の高い対策を立てるという「予防原則」である．そのために，生物多様性保全が優先され，持続可能な利用が過度に制限されることがある．

（2）環境保護と反捕鯨主義

　捕鯨に反対することは，環境保護の1つの象徴と見なされている．トロント大学教授だったムロソフスキー博士の著書にある米国人へのアンケート結果によれば，米国人の大半は南氷洋のミンククジラの生息数を1万頭以下だと誤解していた．数十万頭いると説明した後では，米国も鯨類資源を利用すべきだという回答が過半数を占めたという（Mrosovski, 2000）．

　人間が自然に与えている負荷は，農作物，食肉，木材，水産物，住居建設，およびエネルギー生産に要する面積によって評価することができる（WWF, 2002）．これらの負荷を重み付けして総和をとったものをグローバルヘクタールという換算面積で表し，各国各地方での地球への負荷，および持続的に利用できる生物学的収容力（BC；Biological Capacity）が評価される．この

負荷を人口で割ったものをエコロジカル・フットプリント（EF；Ecological Footprint）という．この指標によれば，1980年代に現在の地球の総負荷は全地球面積を超え，持続可能な臨界量を超えたという．世界自然保護基金の報告書（WWF, 2002；http://www.panda.org/news_facts/publications/general/livingplanet/index.cfm）によれば，現在の各地方とおもな国の人口1人あたりのEFおよびBCは表2.2のようになる．EFとBCがつりあっていれば，エネルギー生産も含めて持続可能であることを示す．世界人口の15％にすぎない高収入国が地球全体の負荷の43％を占めている．

特筆すべきは，平均的な米国人は日本人や欧州人の2倍の負荷をかけていることである．四半世紀前の日米貿易摩擦の折，日本人はウサギ小屋に住んで金儲けしていると揶揄されたが，小さな家に住むほうが環境に優しく，非難される理由はない．捕鯨をやめ，日本にもやめさせることが環境保護なのではなく，米国人はもとより，日本人も含めて総合的な負荷を減らすことが重要である．

シロナガスクジラなどの鯨類が乱獲されたこと，現在もなお超低水準にあり，捕獲が適当でないことは，IWCでも異論がない．しかし，南半球のクロミンククジラは，かつて乱獲された経験がなく，資源量も十分であると考えられる（図2.8, 図2.9）．北太平洋のミンククジラについても，2003年のIWC科学小委員会で捕獲枠が答申された．

表2.2 1999年の世界各地域およびおもな国々のエコロジカル・フットプリント（ecological footprint）と生物学的収容力（biological capacity）．本文参照（WWF, 2002より改変）．

	人口	エコロジカル・フットプリント (Ecological Footprint, gha/人)							生物学的収容力
	(100万人)	合計	農作物	牧草地	森林	漁場	エネルギー	住居建設	(gha/人)
世界	5978.7	2.28	0.53	0.12	0.27	0.14	1.12	0.1	1.9
高収入国	906.5	6.48	1.04	0.23	0.7	0.41	3.86	0.25	3.55
中収入国	2941	1.99	0.49	0.13	0.2	0.13	0.94	0.09	1.89
低収入国	2114.2	0.83	0.3	0.03	0.16	0.03	0.25	0.06	0.95
豪州	18.9	7.58	1.64	0.62	0.6	0.25	4.35	0.11	14.61
中国	1272	1.54	0.35	0.09	0.22	0.1	0.69	0.09	1.04
日本	126.8	4.77	0.47	0.06	0.28	0.76	3.04	0.16	0.71
米国	280.4	9.7	1.48	0.32	1.28	0.31	5.94	0.37	5.27
ドイツ	82	4.71	0.68	0.09	0.37	0.19	3.08	0.29	1.74

では，日本を代表する反捕鯨団体と見なされているグリーンピースジャパン（GPJ）はどう考えているのか．

私は2002年3月20日，GPJが主催する「第8回クジラ問題を考える会」で話題提供した．そのとき私は，以下のような意見を提示した．「はたして，ミンククジラがほんとうに絶滅のおそれがある種だと思っている人は，グリーンピースやほかの自然保護団体のなかにどれだけいるだろうか．意外なこ

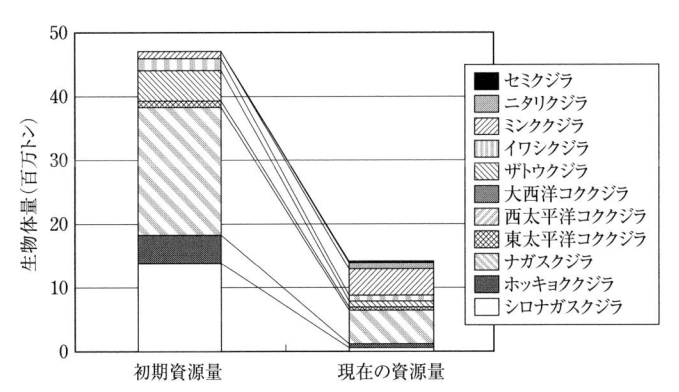

図 2.8 南氷洋捕鯨の鯨種別推定生物体量（推定値は米国 Sea World ホームページより，ミンククジラの初期資源量は笠松，2000 より）．ニタリクジラの初期資源量は不明．

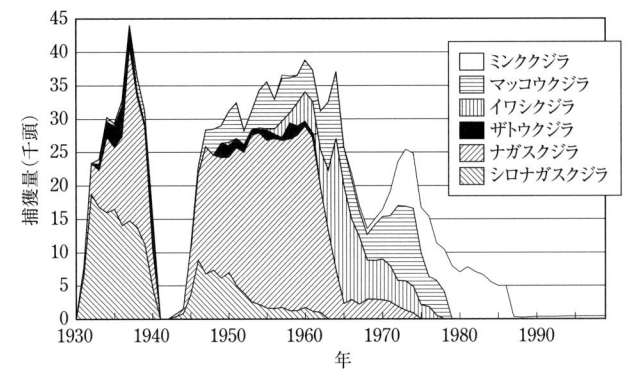

図 2.9 南氷洋捕鯨の鯨種別捕獲数．各年度はその年の7月から翌年の6月まで（IWC のデータベースより）．

とに，あまりいないようである」，「では，クジラを捕るのに反対すれば，ほかの生物や自然がはたして守られるだろうか．私はそうは思わない．反捕鯨は科学の問題ではなく，欧米では人気を得やすいのだと，2001年のBBCインターネットニュースでも紹介されている（p.13，図1.7を参照）」，「クジラこそ，世界の厳しい監視の下にある，世界中の海産生物資源のなかで，もっとも管理を成功させうる条件のそろった資源である．必要なのは，実際に管理を実行し，持続的利用の実績と教訓を積み上げることである」．彼らには，理性的に私の話を聴いていただいた．

（3）必要なのは環境団体が参画する管理体制の確立

GPJの主張のうち，「日本の管理能力に関する懸念」があるという理由は理解できる．これは政治判断であり，科学的に誤りとはいえない．しかし，管理への懸念ならば，合意形成の場に環境団体も加えて，管理を実行すればよい．責任ある環境団体ならば，自らの管理能力には責任を持つだろう．

今必要なのは，環境団体が商業捕鯨の管理体制に参画することである．これはIWCの場では達成されているが，日本国内での合意形成の場が確立されているとはいえない．日本政府と捕鯨業界は，今までIWCの場で海外の捕鯨国や反捕鯨国と協議を重ね，科学的な議論を重ねてきた．この姿勢は今後も維持すべきである．同時に，国内で有力な環境団体との合意形成の場を確保すれば，日本の信頼性を高めることができるだろう．

世界有数の環境団体である世界自然保護基金の日本事務所（WWFジャパン）は，捕鯨問題を理性的に判断している．2002年4月1日，WWFジャパンは，彼らの会報およびホームページ（http://www.wwf.or.jp/lib/marine/kujira/index.htm，2005年2月確認）で「クジラをめぐる問題は，（中略）もうそろそろ，解決に向かう新たな一歩が踏み出されるべきです」，「相変わらず絶滅の危機に瀕しているクジラについては，調査や保護が強化される必要があること，そして十分な個体数が生息していると科学的に推定されているクジラについては，持続的な利用が確実に行われるような，徹底した管理制度が設けられるのであれば，その利用を否定することはできないとする考えを，各国のWWFに向けて発表しました」と述べ，条件付きで管理捕鯨を容認する方針を明らかにした．

もとよりWWFは，生物多様性保全，持続可能利用，環境汚染と浪費的な消費の削減を3つの使命に掲げている．多文化的で入手しうる最善の科学的情報を用い，対決ではなく対話を追求することなどの6つの行動原則を標榜している．上記の捕鯨に関する新方針は，WWFの使命と行動原則に則したものである．

会報では，同時に，（過剰，あるいは過小ではない，可能な限り科学的・技術的な知見にもとづく）予防措置の尊重，国際的合意・多様な価値観の尊重，日本政府に対し鯨類その他の水産資源の保全と管理に具体的・積極的貢献を求めている．また，調査捕鯨を「科学に名を借りた商業捕鯨」などという非難をやめ，「明確な科学的成果を出していることを認め」，「結果・成果の普及・内容と方法を改善することを求め」，鯨肉の国際取引はIWC（国際捕鯨委員会）とCITES（ワシントン条約）の議論を待つべきであり，流通している鯨肉のDNA情報などを公開し，第三者機関が確認できるようにすることを求めている．かつて反捕鯨を宣伝していた環境団体として，これ以上は望めない意思表示といえるだろう．

（4）今後の方向性とその社会的・経済的効果

漁業関係者のなかには，環境団体と話し合うなどとんでもないという意見もあるかもしれない．けれども，住民参画（public involvement）は時代の趨勢であり，自然再生推進法による自然再生事業でも，合意形成の重要性が強調されている．捕鯨問題だけ環境団体との合意が不要であるという主張は，今では非現実的である．解決を目指すなら，捕鯨問題において環境団体を無視することは政治的にも不可能である．捕鯨以外の水産資源管理では，一部の沿岸漁業を除いて，合意形成に加わるべき関心を持つ環境団体が存在していないかもしれないが，日本の環境団体が欧米並みに大所帯になれば，事情は変わるだろう．現実に，ワシントン条約では，サメ類やマグロ類からナポレオンフィッシュ（メガネモチノウオ）まで俎上に上り始めている（2007年現在までの附属書掲載魚種は表2.3のとおりである）．

環境団体に席を設けることは，サービスではない．管理計画づくりから彼らの席を設けることは，紛争を避け，合理的・効率的に管理を実施するうえで必要なことである．合意形成に加われば，非現実的な批判はできなくなる．

表 2.3　ワシントン条約の附属書 I もしくは II に記載されている魚類とその発効年.

学名	動物名	附属書	発効年
Acipenser brevirostrum	ウミチョウザメ	I	1975
Acipenser sturio	バルチックチョウザメ	I	1975
Chasmistes cujus	クイウイ	I	1975
Probarbus jullieni	タイガーバルブ	I	1975
Scleropages formosus	アジアアロワナ	I	1975
Pangasianodon gigas	メコンオオナマズ	I	1975
Arapaima gigas	ピラルクー	II	1975
Neoceratodus forsteri	オーストラリアハイギョ	II	1975
Acipenseriformes spp.	チョウザメ類	II	1975, 1992, 1998
Latimeria spp.	シーラカンス類	I	1975, 2000
Totoaba macdonaldi	トトアバ	I	1977
Caecobarbus geertsi	カエコバルブス	II	1981
Rhincodon typus	ジンベエザメ	II	2003
Cetorhinus maximus	ウバザメ	II	2003
Hippocampus spp.	タツノオトシゴ類	II	2004
Cheilinus undulatus	メガネモチノウオ	II	2005
Carcharodon carcharias	ホホジロザメ	II	2005
Pristidae spp.	ノコギリエイ類	I / II	2007
Anguilla anguilla	ヨーロッパウナギ	II	2007

　社会的信用のある環境団体なら，合意した内容には責任をとる．いつまでも理不尽な理由だけで捕鯨に反対し続けることはできないが，管理に明白な不備があり，彼らが合意しなければ，やはり捕鯨はできないだろう．

　商業捕鯨を再開しても，需要はそれほど伸びないし，採算がとれないかもしれない．しかし，捕鯨の重要性は個別の問題ではない．世界の環境問題の重要事項のすりかえを放置するか，科学的で公正な解決を求めることができるかの問題である．改訂管理方式（RMP）は，近年世界の生態系管理において推奨されている順応的管理（松田，2000）の先駆例である．これを実行し，現実に政府，環境団体，漁業関係者が合意形成を行い，多様性保全と持続可能な利用の両立を図る経験を積めば，ほかの環境問題全般に影響がおよぶだろう．日本の環境団体には，すでにその条件が整っている．後は，政府と漁業関係者の決断しだいである．国内の環境団体と合意した管理計画ができた後も，IWC が捕鯨再開を拒み続けるなら，IWC の見識が問われる．日本が脱退を含めて強い態度で臨めば，解決の道があるだろう．

(5) 第14回ワシントン条約締約国会議に対する見解

第14回ワシントン条約締約国会議（CITES-COP14）における海産動物の附属書改正提案全体として，以下の2点が大きな問題である．

海洋生物については国連食糧農業機構（FAO）の検討結果を尊重するという覚え書きがあるのに，FAOの意見を明確な根拠なく覆すものが多すぎる．両者の議論を深め，合意のうえで掲載作業を進めるべきである．

欧州連合（EU）は30カ国近くになり，おおむね一致して投票行動をしているが，域内では附属書Iに掲載されても自由に貿易されている．これはCITESの趣旨に反する．欧州連合（EU）域内の取引も国際取引として制限するか，EU全体として1票とすべきである．実際に，上記のニシネズミザメやアブラツノザメはEU内の取引が北大西洋個体群への脅威になっていることが最大の問題である．

提案15［ドイツ（欧州共同体加盟国を代表して）］ニシネズミザメ *Lamna nasus* の附属書IIへの掲載．反対．このサメには北大西洋と南半球などに分布している複数の個体群がある．とくに減少が危惧されているのは欧州連合内で取引されている北大西洋個体群であり，ほかの個体群は適切に管理されている．この種を附属書IIに掲載しても，適切に利用されている個体群の取引を縛ることになる．他方，自由貿易される欧州連合内では附属書掲載に関係なく取引を続けることができる．この附属書掲載は保全上の効果をもたらさず，正直者が馬鹿を見る措置である．

提案16［ドイツ（欧州共同体加盟国を代表して）］アブラツノザメ *Squalus acanthias* の附属書IIへの掲載．反対．かつてはこのサメを対象とする漁業が存在していたが，現在は混獲で獲られている．附属書IIに掲載しても投棄か密売をもたらすだけであり，CITES以外の手段による保全措置が必要である．日本近海でも戦後減った後，現在もなお漸減傾向が続いている．EU内の取引に歯止めをかけられないことが問題である．また，日本としてもこれ以上減らさない対策を検討すべきだろう．

提案17［ケニア，米国］ノコギリエイ科全種 *Pristidae* spp. の附属書Iへの掲載．賛成．FAOも附属書I掲載を支持している．掲載するなら，その後の規制の効果を検証する必要があるだろう．

表 2.4　第 14 回ワシントン条約締約国会議の海産動物附属書改正提案に対する表決結果.

ニシネズミザメ	賛成 54　反対 39	否決
アブラツノザメ	賛成 57　反対 36	否決
ノコギリエイ類	賛成 67　反対 30	可決
ヨーロッパウナギ	賛成 93　反対 9	可決
アマノガワテンジクダイ	提案撤回	
アメリカイセエビ 2 種	提案撤回	
アカサンゴ	未決（作業部会設置）	

　提案 18［ドイツ（欧州共同体加盟国を代表して）］ヨーロッパウナギ *Anguilla anguilla* の附属書 II への掲載．賛成．

　提案 19［米国］テンジクダイ科の魚種 *Pterapogon kauderni* の附属書 II への掲載．反対．FAO は掲載基準を満たしていないといっている．FAO の見解を尊重することになっているのに，理由もなくそれにしたがわない種が続出するのは好ましいことではない．

　提案 20［ブラジル］ブラジルのアメリカイセエビ *Panulirus argus* と *P. laevicauda* の附属書 II への掲載．反対．本種の保全は原産国ブラジルの管理努力によって実行可能である．たとえば附属書 III に掲載すればよい．自国の管理が不備であることを理由に，輸入国側に負担をかけるだけの提案にすぎない．

　提案 21［米国］サンゴ属全種 *Corallium* spp. の附属書 II への掲載．反対．FAO は取引が原因であることは認めているが，基準を満たしていないとしている．

　ちなみに実際の表決結果は表 2.4 のようになった．

2.3　イワシとサバ——多獲性浮魚資源の大変動

（1）海産生物をすべて数える

　2000 年から 2010 年にかけて，世界の海産生物の過去，現在，未来の多様性，資源量，分布を調べるという，壮大な企画があった．その名を「海洋生

物のセンサス」(Census of Marine Life ; CoML) という．十指にあまる企画研究を抱え，日本人では京都大学瀬戸臨界実験所教授だった白山義久氏が運営委員を務めていた．その企画研究の1つに，History of Marine Animal Populations (H-MAP) があった．これは海洋生態系の動態を理解するための企画であり，とくに，漁業が生態系に与える影響，資源量の長期的な変化，人類史のなかで海産生物資源が果たしてきた役割を，水産学者，生態学者，歴史学者，経済学者，気象学者を交えて検証可能な生態学的仮説を立てて論じるものである (http://www.fimus.dk/hmappros.html)．1回目の会合が2000年2月19日から22日にかけてデンマークのエスビアで開かれ，私も参加した (図2.10).

日本の漁獲統計は20世紀初めの1905年から「魚種」別海区別に整っている．FAOには世界各国の1950年からの総漁獲量の統計がある．魚種別の漁獲努力，資源量推定が行われているのは比較的最近で，日本では全国的な卵稚仔調査により各魚種の産卵量が1950年ごろから推定されている．このような「統計時代」の前に，地域的な水揚げ量の年変化が得られている「原統計時代」があり，場所により異なるが，1700年代ごろから漁獲統計がそろっている地域がある．その前は「歴史時代」であり，古文書によりイワシの豊凶がわかる（坪井，1987）など，それなりの情報が得られる．H-MAPではこれらの情報を集め，漁業生態系の過去から現在までを復元することを目指している．米大陸西海岸沖の海底には無酸素層があり，堆積した鱗から

図 2.10 エスビアで開かれた CoML/H-MAP の参加者．

時代別のマイワシとカタクチイワシの豊凶が読み取れる場所が複数ある（Baumgartner *et al.*, 1992）．これは数万年前の「先史時代」までさかのぼれる．

バルチック海では，20世紀初頭には海獣がたくさんいたが，乱獲などにより現在は数が減った．その間に富栄養化も進んだ．そのため，海獣の餌であるタラ，ニシン，ニシン属のスプラットなどの資源量は，むしろ現在のほうが増えているという（表 2.5）．日本でも，近年ミンククジラなどの数が回復したことで餌であるニシンなどが減っているといわれている．

20世紀における日本のおもな浮魚類の漁獲量は，大きな変動を重ねた（図 2.11，p.65，図 2.18 も参照）．1930年代のマイワシの高水準期の後，1960年代にはカタクチイワシ，マアジとムロアジ，サンマの高水準期が訪れ，1970年代にはマサバとゴマサバがそれらに代わり，1980年代には再びマイワシが豊漁となり，さらに1990年代にはカタクチイワシら3種が高水準期を迎えた．

マサバとゴマサバは漁獲統計上まとめられている．低水準期にはゴマサバの漁獲量はマサバに引けをとらないことがあるが，1970年代の高水準期の漁獲量は，ほとんどがマサバであった．同じように，マアジとムロアジは統計上1つにまとめられている．

カタクチイワシ，サンマ，アジ類は，漁獲量の年変動に高い正の相関がある．魚食性の日本海のスルメイカもこれらに同期する．ただし，サンマは1970年代にも高水準期があり，かつ，生産調整により漁獲量の上限が約40万トンに抑えられている．1990年代前半に，サンマは三陸沖のはるか沖合，

表 2.5 バルチック海の20世紀初めと終わりの状態の比較（Thurow, 1997 より）．マイワシとカタクチイワシの魚種交替．

	20世紀初頭	20世紀末
海獣	高水準	低水準
タラ現存量	20千トン	200千トン
ニシン現存量	264千トン	5576千トン
スプラット現存量	14千トン	2500千トン
富栄養化	否	是

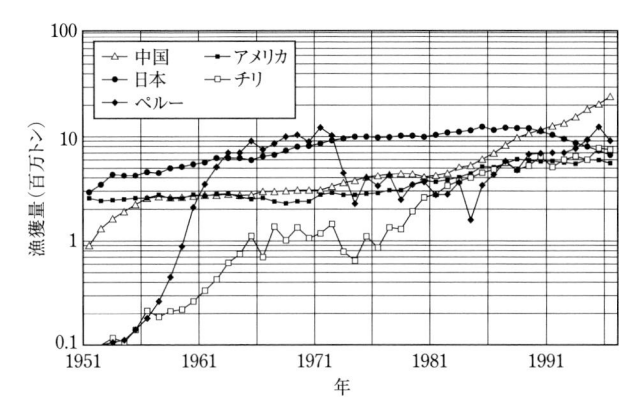

図 2.11　1996 年の世界の五大漁業国の全漁獲量変化（FAO のデータベース ftp://ftp.fao.org/fi/stat/windows/fishplus/fstat.zip より描く）．

遠洋まで分布が広がり，数百万トンを漁獲することもできただろう．しかし，もっぱら食用であり，需要が追いつかない．20-40 万トンを超すと「豊漁貧乏」になる．

　アジ類は南方系の魚で，やはりカタクチイワシとおおむね盛衰をともにする．アジ類，スルメイカ，サンマはカタクチイワシの仔魚を食べるともいわれており，餌であるカタクチイワシと同期して増えるのかもしれない．

　そのカタクチイワシは，ペルーでは 1971 年に 1200 万トン漁獲していたが，日本では需要が少ない．7 kg のマイワシから 1 kg のハマチをつくるといわれる養殖の餌にも，カタクチイワシは技術と栄養に難があることから使われず，最近では輸入大豆を使っている．そのため，やはり資源が膨大に増えても，漁獲量は 40 万トンで頭打ちになる．

　南米のカタクチイワシはエルニーニョの翌年は激減する．1971 年から 1974 年にかけて，ペルーの全漁獲量は 5 分の 1 以下に減った．当時はチリの漁獲量は少なかったが，1980 年代からはカタクチイワシとマイワシをたくさん漁獲するようになった．

　漁獲量でなく，資源量で見ればよりはっきりするだろうが，サンマやアジ類でなく，カタクチイワシが主役であろう．1950 年代以降は，資源量もある程度比較できる．

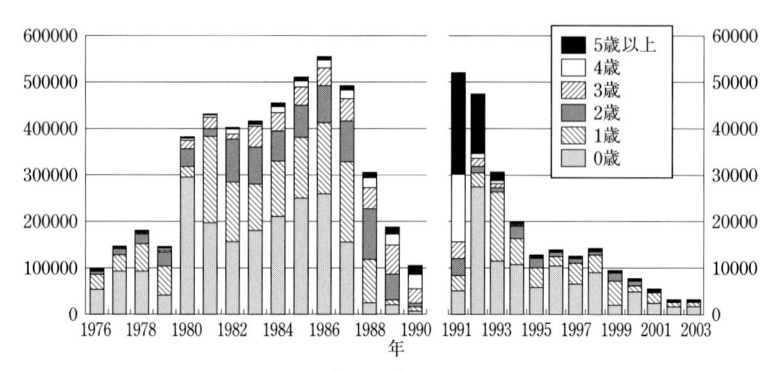

図 2.12 マイワシ太平洋個体群の年齢別資源尾数の推定値．1991 年以後は目盛りを 10 倍に拡大．

　1930 年代のマイワシ漁獲量は 1980 年代に比べて少ない．これはまき網漁業と漁群探知機の技術が進歩し，養殖業の餌料としてマイワシの需要が高まったためと考えられる．しかし，マイワシ資源量が 1930 年代と 1980 年代のどちらが多かったかは，まだなんともいえない．

　いずれにしても，マイワシとカタクチイワシ，それにマサバを加えた 3 種の変動は，一方が多ければ他方が少ない傾向にあり，負の相関が認められる．これを魚種交替という．米大陸西海岸では数万年前から両種が魚種交替していた証拠がある（Baumgartner et al., 1992）．日本でも江戸時代からマイワシ資源が豊凶を繰り返してきたことが，古文書によって示唆されている（坪井，1987；Yasuda et al., 1999）．1990 年代前半のマイワシの減少は，成魚の生存率が下がったためではなく，連続して加入が非常に少ない年が続いたためであることがわかっている（図 2.12）．これは，乱獲が原因ではなく，なんらかの自然現象と考えられる（Watanabe et al., 1995）．

（2）競合するプランクトン食浮魚類

　マイワシ，カタクチイワシ，それにマサバを加えた 3 種は，ともにプランクトン（浮遊生物）を食べる浮魚である．カタクチイワシはもっぱら動物プランクトンを食べるが，マイワシの成魚は植物プランクトンも食べ，マサバは動物プランクトンのほかにカタクチイワシなどの仔魚も食べる．冬から春

の間は暖流にいて産卵する．卵は浮遊卵で，海に漂い，孵化後自ら泳ぎ出す前に餌にめぐり会わないと死んでしまう．親はマサバ，マイワシ，カタクチイワシの順に大きいが，卵はマサバが一番小さい．マイワシとカタクチイワシはおもに西日本の沿岸から沖合で冬に産卵するが，マサバはおもに伊豆諸島付近で春に産卵する．

　秋から冬にかけて，これら 3 種は浮遊生物に富んだ寒流域に季節移動する．これを回遊という．冬になると再び暖流域に戻っていく．ただし，わずかながら回遊せずに相模湾など暖流域の沿岸で通年暮らす魚もいる．これを根付きという．雁谷哲氏の漫画『美味しんぼ』では，なによりもおいしい刺身はゴリやシマアジでなく，相模湾葉山の「根付きのサバ」ということになっているが，この味覚には異論もある．いずれにしても，数が多くなると沿岸が餌不足になり，多くの個体が黒潮の外側にまで広がって回遊する．他方，数が減ってくると回遊する個体が減り，集団は各地の沿岸に分断されてしまう．

　1970 年代の秋の季節に釧路沿岸に広がっていたマサバの群れは，1980 年代にはマイワシの群れにとって代わられ，マサバは沖合に「追い出された」．1989 年から 1990 年代にかけては同じ場所に，今度はカタクチイワシの群れが広がり，マイワシは沖合に追い出されたかたちになった．マサバからマイワシへ，さらにカタクチイワシへと，より小型の魚にとって代わられた理由は不明である．とにかく，1970 年代から 1990 年代にかけて，秋の釧路沿岸には 3 種のいずれかが存在し，混在することなく置き換わっている．

　産卵場でも似たようなことが起きている．1980 年代末から 1990 年代前半にかけて，マイワシの産卵場は大きく沖合に広がった．沖で生まれたマイワシは翌年戻ることなく，死んでしまうと考えられている．

　では，カタクチイワシからマサバへの魚種交替はどうやって起こるのか．それは，これから 20 年のうちには実感できるだろう．1960 年代の秋の釧路沖で，黒潮域の産卵場でなにが起こったかは，当時を知る人にもよくわからないようである．

（3）三すくみ説

　魚だけではなく，多くの分類群で個体数が大きく自然変動する生物が知られている（松田，2000）．自然は，放置していても一定の状態には落ち着か

ない．古人はこれを「諸行無常」，「盛者必衰」と呼んだ．水産学と生態学では，これを「非定常」という．変動する理由はさまざまである．なかには13年ゼミ，17年ゼミのように，変動することにより，大発生のときには天敵が食べきれず，天敵から逃れていると思われる生物もいる．

　この変動は環境変動によって引き起こされるか，あるいはなんらかの自律的な生態学的要因によって引き起こされると考えられる．後者では，たとえ環境が毎年一定だとしても変動する．長い間一定の環境で飼っている実験動物でも，マメゾウムシや原生動物では個体数が永久変動することがある．一定の環境でも一定の周期を持った規則的な変動ではなく，永久に不規則な変動を続ける場合がある．これをカオスという．

　日本近海のマイワシと米大陸西海岸のマイワシが同期して豊凶を繰り返すといわれていた（Kawasaki and Omori, 1988）．そのため，環境変動説が支持されていた．しかし，現在日本のマイワシが急減しているのに対し，西海岸のマイワシはまだ健在である．

　私たちは，今までの環境変動を主因とする仮説に異を唱え，マイワシとマサバの2種だけを考えた生態学的仮説にも満足せず，マサバ，マイワシ，カタクチイワシの3種の種間関係から，魚種交替を説明することを考えた．2種間の競争では，どちらかが勝つか，2種が安定して共存するだけである．環境が一定である限り，優劣が逆転して永久に変動することは説明できない．つまり，この説はけっきょくは環境変動説なのである．

　環境変動に原因を求める説はいろいろある．産卵場の水温変化，黒潮流路の変化，太陽黒点の変動，エルニーニョ現象などである．たしかにマイワシが増えていた時期には水温が高かったようだが，水温上昇が必ずマイワシを増やしていたかといえば，そうともいえない．なぜカタクチイワシが増えなかったのかも，よくわからない．マイワシもカタクチイワシも，高水準期にあるときは加入量が産卵場の水温と正の相関があり，低水準期にあるときは負の相関があるといわれる（Skud, 1982）．

　むしろ，3種の種間関係が魚種交替の主因であり，どれも産卵場の水温が高いときが好ましく，そのような時期を引き金として魚種交替が起こると考えるのが自然である．そこで，私たちはマサバよりマイワシが強く，マイワシよりカタクチイワシら3種が強く，カタクチイワシたちよりマサバが強い

という三すくみの種間競争関係を考えた（Matsuda *et al.*, 1991, 1992 ; Mac-Call 1996）．三すくみ関係があれば，永久に魚種交替が起こることが数学的に証明できる（図 2.13）．

そのためには，マイワシが高水準のときにカタクチイワシが増え，マサバが増えないという条件がいる．マサバが多いとき，カタクチイワシが多いときにも同じような条件がいる．そのうえ，共存定常状態が局所的に不安定であるという条件がいるため，都合 7 つの不等式が満たされたとき，3 種の永久変動が数学的に導かれる．これを提唱した 2 名の名に因んで May-Lernard 軌道という．

3 種が変動しながら共存するためには，さらに，各種に他種に侵されない固有の生息域が必要だといわれてきた．「根付きのサバ」である．

私たちが 1990 年の日本水産学会春季大会で三すくみ説を提唱してから 20 年以上が経った．当時はマイワシの豊漁期で，もっとも産卵量が多かったのに 1 歳魚の加入がなくなり，資源の行方に陰りが見え始めた時期であった．代わってカタクチイワシが釧路沖に広がり，魚種交替を感じさせた．はたして，1990 年代はカタクチイワシなど 3 種の高水準期が続いた．三すくみ説が正しければ，つぎに増えるのはマイワシでなく，マサバである．1991 年，不漁のために近海もののマサバが高騰し，大騒ぎになったが，1992 年と 1996 年生まれのサバは豊漁で，復活の兆しを感じさせる．しかし，これらの「成り年」のサバは成熟前にほとんど獲り尽くされてしまい，次世代以降

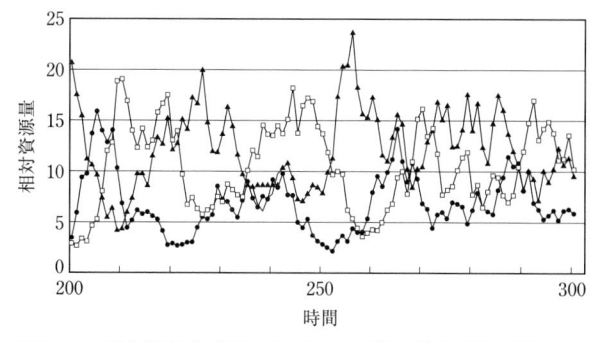

図 2.13 捕食関係を考慮した三すくみ説の数値実験．□，▲，●はそれぞれカタクチイワシ，マイワシ，マサバを表す．

の増産につなげることはできなかった.

マサバはプランクトンを食べるだけでなく，カタクチイワシの仔魚も食べる雑食の魚である．両種の関係は捕食関係と考えるべきかもしれない.

これらの種間関係を考慮した数値モデルをつくり，数値実験を行うと，たとえば図2.13のように3種が変動する．毎年の自然増加率が変動する場合，魚種交替の周期は一定ではないが，3種が順番に入れ替わっていく．この結果は，3種の競争系と同じである.

(4) 仮説の反証可能性

三すくみ説は反証可能である．カタクチイワシのつぎにマサバでなく，マイワシが復活すれば，この仮説がまちがっていることがわかる．つまり，この仮説は反証可能である.

マイワシのつぎにカタクチイワシが増えても，この仮説が正しいとは限らない．3種すべての競争関係にある三すくみでも，マサバがカタクチイワシを食べるとした三すくみ関係でも，順番に入れ替わる魚種交替が説明できる．種間関係を定量的に見積もらない限り，検証可能とはいえない.

また，この仮説ではつぎの優占種がなにかは予測できるが，つぎの魚種交替がいつ起こるかは予測できない．それは環境しだいであり，魚種交替の引き金となる環境条件がなにかは，今後明らかにすべき課題である.

いずれにしても，底魚類の漁獲量が世界的に乱獲により頭打ちになっているのに対し，浮魚類は高水準期には獲り切れないほど増える．ただし，魚種ごとに見ればプランクトン食浮魚類は自然に大きく変動し，低水準期には乱獲状態に陥ることがある.

私たちは自然の恵みを利用するにあたり，安定した漁獲を期待するのではなく，自然の摂理に合わせた利用法を考えるべきである．それはハマチの餌を時代とともにマイワシから大豆へと変えることではない．市場と消費者がその年にたくさん獲れる浮魚類を柔軟に利用することを学ぶことこそ，21世紀に求められている.

2.4 野生生物としての水産資源——順応的管理をめざして

(1) FAO の 4 つの提言

1994年の国連食糧農業機構（FAO）の報告によると，世界の水産資源の3分の2の魚種は枯渇しているか，乱獲されているか，すでに最大限に利用されている状態にあるという（FAO, 1994）．その一方で，1995年12月に催された日本政府主催，FAO 協賛の「食料安全保障のための漁業の持続的貢献に関する京都宣言及び行動計画」によると，とくに途上国の人口増加による水産物食物需要は今後も増え続け，1994年度に7500万トンあまりだった需要は，2010年には1億1000万トンに増加するという試算もある．

FAO（1996）は持続可能な漁業について，つぎの4点を強調している．①いかにして乱獲を減らし，漁獲量を制限するか，②いかにして混獲と投棄を減らすか，③いかにして漁場と海岸の環境劣化を減らすか，そして④不確実性と危険性にいかに対処するか．

じつは，乱獲されている魚は種数こそ多いが（図2.14），漁獲量はそれほどでもない．世界の総漁獲量は1988年に1億トンを超えた．それ以降は一進一退の状態である．1994年現在，世界の浮魚類の総漁獲量は約4500万トンである．図2.15からわかるように，浮魚類の漁獲量は変動しつつも増え続けていた．

それに対して，底魚類の総漁獲量は約1800万トンである．図2.15のように，1985年から1987年にかけては約2200万トンであったが，スケトウダラの漁獲量減少とともに底魚類の漁獲量は減少に転じている．

(2) 減った魚は禁漁にすること

このように，世界の漁業の約半分は浮魚類の漁獲である．しかも，マグロ類などの魚食性の浮魚類の漁獲量は少ない．ほとんどはマイワシやカタクチイワシ，サバ類やアジ類，サンマなど栄養段階の低い，プランクトン食の浮魚類によって占められている．これらの魚種の漁獲量は時代とともに大きく変動するが，高水準期から減少に転じる理由は乱獲ではなく，生態系の内在的変動要因（Matsuda et al., 1992a）または環境要因（Kawasaki and Omori,

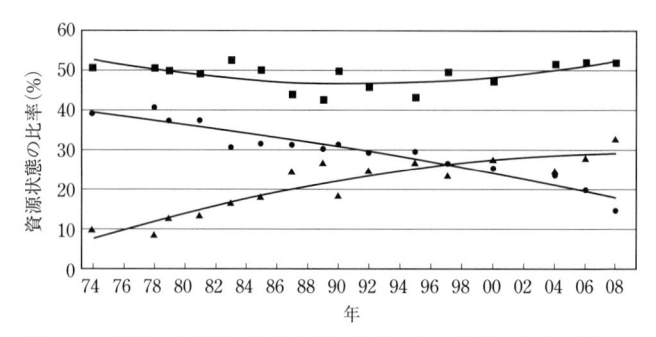

図 2.14 世界の魚種別の資源状態の比率．●は乱獲でなく，■はこれ以上獲ると乱獲になり，▲は乱獲されているか，枯渇しつつあるか，回復しつつある魚種数（FAO, 2011 より描く）．

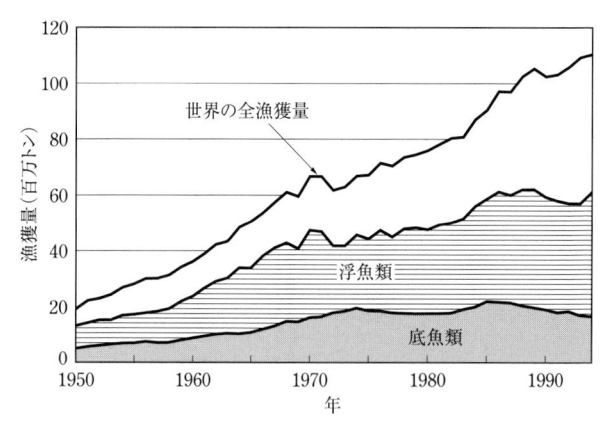

図 2.15 海洋での底魚類と浮魚類の総漁獲量と，それらを含む世界の全漁獲量の年次変化（FAO, 1996 より描く）．

1988）によるものと考えられている．

　豊漁期のサンマやマイワシの漁獲量は，乱獲を避け，持続可能な漁獲量を得るために抑えられるのではない．豊漁貧乏で値崩れが起こり，採算がとれなくなるために抑えられるのである．したがって，浮遊生物を食べる浮魚類の漁獲量は，豊漁期にはさらに増産可能である（松田，1997）．

　しかし，浮魚類も種によっては低水準期に乱獲されている．1980 年代の

日本のマサバ太平洋系群を例にとると，漁業者はマサバ資源がはっきり減少に転じた後もまき網漁船を中心に漁業を続けていた．代わって増えてきたマイワシ漁業に転じたまき網漁船もあったが，マサバ資源の減少に対して漁獲圧の減少は不十分で，1990年を過ぎてから激減したマサバが高騰する騒ぎになった．

浮魚類は数十年の間をおいて高水準期と低水準期を繰り返しているが，さらに加入量が環境条件により毎年変わる．ある年に生まれた年級群が多数生き残ると，その年級群が生き延びて数年間資源と漁業を支えることができる．このような年変動の大きい生物資源を持続可能に，かつ有効に利用するには，高水準期と低水準期で漁獲圧を変え，過度の低水準期には禁漁することが望ましい．

Matsuda *et al*. (1992b) は実際の漁獲実績とほかの漁獲方針による漁獲量と資源量を比較した（図2.16，図2.17）．行政側は一定の漁獲圧で獲ることを推奨していたが，漁業者は資源量の多寡にかかわらず漁獲量を一定にする傾向がある．1975年から1988年までの14年間で，実際には900万トン漁獲して資源量（産卵量）を大きく減らした．しかし，この時期の漁獲圧を一定にして毎年資源量の3分の1を漁獲すれば，低水準期の親魚を保護するため，長い目で見ればより多くの漁獲量が期待できた．ただし，1988年の資源量はやはりかなり減ってしまう．漁獲圧を5分の1程度に抑えれば，資源を保全しながら実際と同じ程度の漁獲量を得ることが期待できた（松田，1995）．

理論的には，漁期後の資源量をたとえば150万トンと一定にし，漁期前の資源量が150万トンより多ければ，その上前を漁獲するのが一番効率がよいとされている．漁期前から150万トン以下なら，その年は禁漁とする．この方針なら資源も保護し，漁獲量も実際より多く獲れる．ただし，5年間連続して禁漁が続くなど漁獲量の年変動が大きい．

現在の多くの研究例では，変動の少ない底魚類などの管理には一定の漁獲圧をかける管理方針をとるべきだと考えられている．その漁獲圧を決めるのに，ある魚を漁獲しなければ将来どれだけ子孫を残すかを表す「繁殖価」という概念が有効である（勝川・松宮，1997）．繁殖価は若いころは成長とともに増え，高齢化とともに減る．とくに，加入齢に達した時点での繁殖価

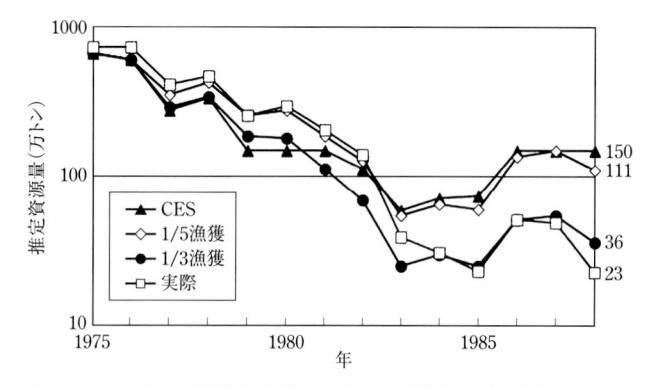

図 2.16 マサバ太平洋個体群のシナリオ別資源変動予測（Matsuda et al., 1992b より改変）.

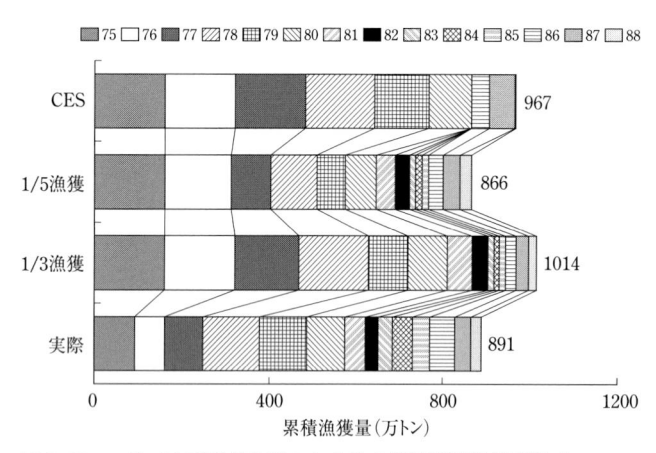

図 2.17 マサバ太平洋個体群のシナリオ別累積漁獲量予測（Matsuda et al., 1992b より改変）.

（生涯産卵数の期待値）に対応する加入量あたり産卵親魚量（Spawning biomass Per Recruit；SPR）という指標が用いられる（松宮，1996）．漁獲圧が強いと長生きせず，生涯産卵数が少なくなる．漁業のないときの生涯産卵数の期待値に比べて，漁業があるときのそれが3割から2割にしかならないようだと，漁獲圧が強すぎると考えられている（松宮，1996）．このような管

理指針は，1997 年から施行された国連海洋法条約にもとづく漁獲可能量（Total Allowable Catch；TAC）を決める際にも利用されている（和田，1993）．

非定常資源に対しては，その年の産卵親魚量または全資源量を基準にした管理方策が提唱されている．先ほど紹介したように，成魚量がある基準以下だと禁漁することが奨励される．しかし，実際には成魚が少なくても未成魚が多ければ，近い将来成魚が増えることが期待できる．漁期後の資源量を一定にする方策は翌年の加入量が予測できないことを前提にした理論であり，未成魚の数がある程度わかっていれば，より効率的な漁獲方針が立てられる．勝川・松宮（1997）は新たな指標として全個体の繁殖価の総和を考え，繁殖ポテンシャル（reproductive potential）と名付けた．これが基準値以下なら禁漁とし，基準値以上ならその上前を漁獲する．

この方針は成魚量を基準にするより禁漁年数が少なく，資源量の推定誤差に対して頑健であることが示されている．

（3）未成魚を保護し，成魚を獲ること

非定常生物資源は，毎年一定の漁獲圧をかけるべきではない．低迷しているマサバ資源も，1996 年生まれは加入が多く，それなりにマサバ漁業は潤った．しかし，未成魚（0 歳魚）のうちにたくさん獲ってしまった．このような漁業は，私が主張する「多いときには徹底して獲り，減ってきたら禁漁する」漁業ではない．低水準期の卓越年級群は大事に成長を見守り，産卵を始めてから獲るべきである（Takenaka and Matsuda, 1997）．

これは資源が変動する浮魚だけでなく，安定した底魚にもあてはまることだが，未成魚を小さいうちに獲っていては漁獲量を増やすことはできない．たとえば，100 g の未成魚を獲るより，それが 1 kg にまで成長してから獲るほうが得である．成長までに自然に死ぬかもしれないが，その生存率が 10% 以上なら，やはり成長してから獲るほうが得である．成長を待たずに若い魚を獲ることを成長乱獲と呼ぶ（松田，1996）．

ところが，持続可能な漁業のためには，さらに徹底した未成魚の保護が必要である．かりに 100 g の未成魚が 1 kg の成魚になるまでの生存率が 20% とする．100 g の未成魚は，獲らずに海のなかを泳がせていれば，漁獲量へ

の貢献のうえでも，卵を産んで次世代に子孫を残す意味でも，潜在的に成魚の2割，つまり200g分の価値を持つ．それを100gの未成魚の時点で獲れば，漁獲量への貢献のうえでは成魚の1割の価値はある．ところが，子孫を残す意味ではまったく貢献の機会を与えずに獲ってしまうことになる．

　開発と環境保全の関係は，その行為の産業面での利益（あるいは社会に与える便益）と環境の損失（あるいは損失を与えるおそれ）の比を向上させる方策を考える（中西，1995）．人間が存在する限り，環境への負荷を皆無にすることはできない．できるだけ損失を減らし，便益を増やす方策を考えるのである．漁業においても，漁獲量を増やし，次世代に残す産卵数の目減りを減らす方針を考えるべきである．

　そのためには，未成魚を保護して成魚を漁獲することが有効である．ところがマサバ漁業では，1980年代から1990年代にかけて未成魚を多量に漁獲していた．とくに現在のように資源が減って成魚が少ないと，未成魚を獲る傾向が強い．1980年代にはまき網漁業が多くの未成魚を獲り，たもすくい網漁業が産卵期の親魚を獲っていた．産卵期の親魚を獲るのも次世代の子孫を残す機会を奪うが，未成魚を獲る打撃のほうがずっと大きい（Matsuda et al., 1997）．

（4）主要魚種を魚種交替とともに切り替えること

　図2.15を見ると，浮魚類の漁獲量は全体としてはそれほど大きくは変動していない．日本でマイワシが減っても，ペルーでカタクチイワシが豊漁になるなど，魚種により豊漁期がずれているためである．ただし，北太平洋のマイワシは，日本近海と北米西海岸で同期して変動するといわれていた（Kawasaki and Omori, 1988）．

　日本の浮魚類の全国漁獲量の年変動の大きさを見ても，図2.18のようにマイワシ漁獲量だけの変動ほどではない．とくにサバ類が豊漁になる前の1950年から1965年ごろにかけては，カタクチイワシ，アジ類，サンマの漁獲量が多かったことがわかる．今回のマイワシ減少の後も，私はこれら3魚種の豊漁を期待したが，それほどには漁獲量は増えていない．とくにサンマやアジ類はほとんど食用にするため，消費者がたくさん食べれば需要は増え，高水準期には100万トン以上の漁獲が望めるはずである．近年は健康食志向

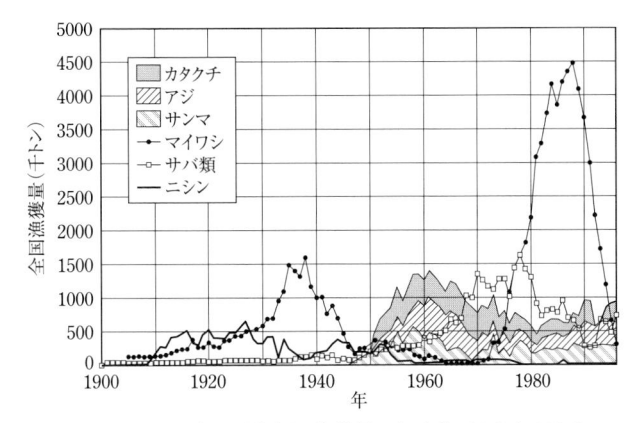

図 2.18 日本のおもな浮魚類の漁獲量の年変化(農林水産統計および Kawai and Takahashi, 1983; Chikuni 1985 より作成).

でマイワシを食べることが見直されているが,資源変動に応じて浮魚類の魚種にこだわらずに食べてもらうよう,消費者に訴えるべきだろう(松田,1995).

(5) 漁具の選択性を高める技術を開発すること

　乱獲と混獲を減らす方法は,漁具の選択性を高めることである.乱獲を防ぐためには漁獲努力を下げ,漁獲量を下げる必要があると思われるかもしれないが,必ずしもそうではない.まず,資源が回復すれば少ない漁獲努力でも多くの漁獲を期待できる.先ほど述べたように,未成魚を保護して成魚だけを選択的に漁獲すれば持続可能な漁獲量を増やすことができる.混獲を防ぐためにも選択的漁業が重要である.すなわち,資源量の少ない魚種を保護して主要魚種だけを選択的に漁獲すればよい(Matsuda *et al.*, 1992b).

　今までは少ない費用で一網打尽にする漁具を開発してきた.しかし,このような漁具効率の向上は,持続可能な漁業という制約の下ではあまり効果がない.獲れる魚の数は限られているので,漁具効率が上がれば操業日数を縮めることになる.持続可能に獲れる成魚の数に達する前に,未成魚を獲りすぎたり,個体数の少ない他種を獲りすぎて操業をやめざるをえなくなる(松田,1997).漁具開発の見直しが必要である.

こうした技術開発は今までにも行われてきた．しかし，まだ不十分である．混獲を減らすという持続可能な漁業が実現できるかどうか，そこに 21 世紀の水産業の存亡がかかっているといっても過言ではない．私たちは，まだ技術開発や漁業管理の提言に関して，短期的な費用と便益の関係にとらわれすぎている．

　お金の話は必要だが，費用と便益の関係は社会情勢に左右される．たとえば，いくら古紙を回収しても費用がなければ再利用できない．しかし，原木伐採に税金（炭素税）をかければ状況を変えることができる．農業革命の行き詰まりから食料事情が一変すれば，水産業に対する期待は大きく変わる．そのことはすでに FAO の文書にも示されている．浮魚の資源量が変わるのと同じように，時代も変わる．経済事情が非定常であることを忘れたバブル景気時代の投資の失敗は記憶に新しい．私たちは，時代の変化を先読みした研究を進めていくべきである．

　なお，漁業管理を進めるうえで，今後は情報公開が欠かせない．国際管理を進めるためには管理方針を定める根拠となる漁獲量などの基礎資料を公表して議論する必要がある．また，漁業者と水産業界に連なる生産者側の意見だけでなく，消費者，環境論者などとも意見を交換して漁業政策を進めなくてはいけない．以前は公表された情報も図書館に行って写し取り，自分の計算機に再入力する必要があったが，電子情報化社会となった今日では，本書で引用した FAO の資料などは，文書やグラフがホームページで公開されている．閲覧されたい方は私のホームページ（http://risk.kan.ynu.ac.jp/matsuda/fishery/）から参照できる．ただし，1995 年の京都宣言については日本政府主催にもかかわらず，英語・フランス語・スペイン語だけが閲覧でき，日本語の文書の閲覧ができないようである．

　日本の農水省も，そして私たち研究者も，情報公開に努めるべきである．公表している資料はだれでも自由に使えるようにするのが肝要である．農林水産統計の電子媒体での公表も進んでいる．漁獲量は掲載されていないようだが，生産額などはホームページで公開されている．持続可能な漁業を進めるために，水産庁も研究者も，情報公開を進めるべきである．

2.5 生物多様性条約と海

（1）COP10 は「成功」だった

2010 年に名古屋で開催された生物多様性条約（CBD）の第 10 回締約国会議（COP10）では，土壇場で名古屋議定書と愛知目標が合意された．その内容に曖昧さは残るものの，先進国と途上国の対立を超えて合意したことは，国際条約として成功だったといえるだろう．とくに議長国である日本の取り組みは高く評価できる．全体を通じて，利用と保全の調和を図る日本の取り組みが浸透したといえるだろう．ただし，科学者が中心的役割を果たしたとはいえない．科学者の役割が問われている．

COP10 の最大の論点は，生物資源の利用と利益の公平な分配（ABS）であった．この場合の生物資源とは，農林水産物というよりは，薬品などに有用な特殊な効能を持つ生物資源のことである．そこには，そのような物質を生産する遺伝情報を持つ可能性のある遺伝資源も含まれる．

ABS は法律の問題ともいわれる．CBD は基本法であり，派生物を含める国際的な制度をつくる法的枠組みをつくることはもともと不可能であった．派生物を含める制度を各国が整備するという合意をするのがせいぜいであり，その意味ではそれほど対立はなかった．しかし，拘束力はなく，その解釈により，派生物に関する原産国の権利が守られたかどうか，報道見解は分裂していたという．けれども，ABS は法律の問題という報道はほとんど目にしなかった．

愛知目標に法的拘束力はない．その目標が環境団体の主張から後退し，曖昧になったことに，不満の声も聞かれる．しかし，逆にいえば，法的拘束力がないからこそ，非現実的な目標を合意しても，ロビー活動をしたものの自己満足に終わるだけで，環境を守るという意味で実のあるものにはならないともいえる．

全会一致方式に限界があり，国際捕鯨委員会（IWC）やワシントン条約（CITES）のように，それぞれ 4 分の 3 ないし 3 分の 2 の賛成で採択するほうがよいという意見もある．しかし，これらの条約には締約国に留保する権利がある．実際にこれらの条約でも対立が噴出し，とくに IWC は機能不全

に陥っている．

　COP10 最終日になっても合意できるかどうか不透明だった．10 月 30 日未明になって，ABS をめぐる名古屋議定書と 2010 年目標を継ぐ愛知目標が合意された．合意をもたらした要素を 4 つあげることができる．各締約国の生物多様性保全をめぐる危機感，内容を問わずとにかく合意したいという日本政府の熱意と完璧ともいえる会場運営，市民ボランティアの協力，そして日本など先進国の途上国への資金援助である．

　10 月 27 日の菅首相演説で特筆すべきは，「生態系サービス」という言葉を使わずに「自然の恵み」（gift of nature）と表現したことである．2 年前のボンでの COP9 では生態系サービス（ES）の経済評価（TEEB）が強調された．今回も経済評価が進められたが（TEEB, 2011），経済的に割に合わなくても，自然の恵みを次世代に残すという取り組みの切迫性は世界の合意を得られるだろう．

　反面，科学者が重要な役割を果たしたかどうかは疑問である（松田, 2010）．科学者の役割は聖職者のように善を語ることではない．しかも，1 つの宗教の信者ばかりではない．

　多様な価値観の合意を図るには，IWC や ICCAT（大西洋まぐろ類保存委員会）における科学委員会の役割のほうが明確である．これらは親捕鯨と反捕鯨など締約国の間の対立があり，双方の立場の代表である科学者が数字で議論し，合意文書をまとめて総会に勧告する．IWC でも ICCAT でも，科学委員会の勧告を総会が無視していることが問題となっている．しかし，科学者どうしが妥協して解を探すという役割は明確である．それに対して，気候変動に関する政府間パネル（IPCC）や生物多様性と生態系サービスに関する政府間科学政策プラットフォーム（IPBES）は科学者が一方の側に立っているように見える（松田, 2010）．

　愛知目標には，非現実的な目標がさらりと書かれているところがある．たとえば，目標 6 に，現在知られている絶滅危惧種の絶滅を 2020 年までに防止すると述べられている．しかし，数種しか知られていない絶滅危惧植物が，日本には少なくとも数十種ある．これらは，盗採や土地開発を防いでも，偶然絶滅するおそれが高い．これらのすべてを絶滅させないことは，不可能に近い．途上国では，さらに困難だろう．

私は生物多様性科学国際共同計画（DIVERSITAS）科学委員として，3月の名古屋でのCOP10事前会合で意見を述べる機会があった（松田，2010）．DIVERSITAS見解に採用される各委員からの意見の数が限られていたので，上記の指摘までは，私は手が回らなかった．これも，現場感覚を持った科学者が助言するかどうかに左右される例である．

　保護区面積の数値目標は，海洋については10%となり，環境団体が推奨する15%に届かなかった．これは中国など，15%という目標が高すぎるという途上国との妥協の産物である．さらに，途上国は保護区を設けるときの経済負担への支援も求めた．

　保護区といっても，その保護の実態はさまざまであり，定義も不明確である．したがって，15%を保護すれば十分ともいえない．つまり，もともと数字だけの問題ではなかったのである．

　しかし，合意したことには意味がある．それで生態系全部が守られるわけではないが，実際に資源を保護しようとする取り組みが国内にあるならば，愛知目標はその取り組みを促すことに役立つだろう．

　CITESや国連気候変動枠組条約の締約国会議で対立が生じたときと同様の困難な状況のなかで，合意を得たこと自体は評価すべきである．日本は，大きな成功を手に入れたといえるだろう．自国に有利な合意を得ることだけが国益ではない．"SATOYAMA イニシアティブ"や"Living harmony, into the future"という標語にはこだわったが，実利に関する日本の国益を全うしようという動きはほとんどなかった．議長国の立場を公正に全うしたことで，締約国の賛辞と信頼を得ることも，大きな収穫である．私のもとには，海外の参加者から日本に対する祝福と賞賛の声が聞かれた．

　日本の議長国としての責任は，COP11がインドで開かれる2012年まで続く．名古屋議定書と愛知目標をもとに，自国の自然を守り，世界の自然を守る主導権を発揮することが求められている．

（2）愛知目標とクロマグロ資源の「海洋保護区」

　2010年にタイセイヨウクロマグロ（*Thunnus thynnus*，以下，大西洋クロマグロ）がワシントン条約（CITES）で禁輸措置が提案されるなど，クロマグロ漁業への環境団体の批判が強まっている．太平洋のクロマグロにつ

いても，漁獲の大部分を未成魚が占めるなど，資源管理のうえで大きな問題が起きている．畜養の普及と完全養殖技術の開発により，資源管理ならびに環境負荷の評価がより複雑になっている．

　2010年のCITESで大西洋クロマグロの禁輸が提案されたとき，採択されても否決されても，日本としては太平洋のクロマグロ（*Thunnus orientalis*）の管理が問題として残っていた．水産庁が否決の直後の2010年5月11日にその対策を声明として出したことを，私は高く評価している．

　なぜ太平洋のクロマグロに関する取り組みが必要かといえば，漁獲されたクロマグロの大半は日本が消費しているが，漁業をしているのは日本沿岸ではなく，大西洋である．したがって，国際取引を禁止することは1つの保護の方法になりえるだろう．しかし，クロマグロに関しては，近年，台湾やメキシコなどの漁獲量も増えているものの，大半を日本が漁獲し，日本が消費する．逆にいえば，日本がしっかりした管理方針を実行し，乱獲された漁獲物の輸入を制限できれば，乱獲回避の大きな効果がある．水産庁声明は，まさにそれに応えるものといえる．

　水産庁声明の内容については，成魚2000トンという枠が現状追認になるという不満も聞かれる．しかし，産卵親魚の保護が必要であることを説いたことは，国際資源管理機関の方針をさらに進めたものと評価できる．クロマグロ類資源は過去にも大きく変動していると推定され，より少ない漁獲枠に規制するためには，もう少し科学的根拠が必要と思われる．いきなり規制できないとすれば，翌年の資源評価を待たねばならないだろう．

　このような事情のなかで，WWFジャパンがその翌日の5月12日に，水産庁声明をほめたことは，たいへん勇気ある態度と評価したい．環境団体として，政府を批判することはたやすいが，ほめることは容易ではないだろう．とくに，CITESで大西洋クロマグロの附属書掲載が否決された直後であり，WWFジャパンもその掲載を支持していた．この時期には，海外からは「日本には（生物多様性条約締約国会議COP10の）議長国の資格がない」などという揶揄も報道された（Japan Times 2010年4月8日付，http://search.japantimes.co.jp/cgi-bin/nn20100408f1.html）．

　先日，ある海洋保護関係の環境団体が集う国際会議に参加する機会があった．そのとき，2011年のCITES締約国会議のときに日本を激しく非難した

人と話す機会があったが，予想に反して，その後の日本の取り組み，とくに大西洋まぐろ類保存委員会（ICCAT）での対応を他国と比べて評価していた．

日本はクロマグロ類の最大の消費国である．その漁業の国際管理を先導し，自国において不適切に漁獲された資源の利用を制限する社会的歴史的責務がある．その責務を果たせば，世界のクロマグロ類の資源状態を回復させることが可能と期待される．

クロマグロの完全養殖技術の開発は，資源保護と持続的利用に大きく貢献するように見える．畜養の普及とともに0歳魚（ヨコワ）の大量捕獲が問題になっている．ヨコワを採捕して生簀で大きくしてから売る．しかし，完全養殖ならば養殖場で累代飼育しているため，天然魚を乱獲する問題はなくなる．ただし，養殖場の環境負荷の問題は残るだろう．また，現時点では畜養や養殖の餌はマサバやサンマなどの野生の小型魚である．そのエネルギー転換効率が低く，直接小型魚を人間が利用するほうが，持続可能に大量のタンパク質を生態系から得ることができるだろう．

（3）クロマグロ産卵親魚保護と海洋保護区との関係

2010年生物多様性条約COP10では，2020年までの20の戦略目標（愛知目標）が合意された．その目標11に，沿岸域および海域の10%以上を保護区などにするとうたわれた．海域とは，排他的経済水域を指すと考えられる．つまり，沿岸域だけでなく，広大な沖合域にも保護区などが必要とされる．

海洋保護区は定着性資源の保護には有効で，保護区周辺に回復した資源が「湧き出し」，周囲の漁獲量が持続可能に増産することがある．チリではこのような効果を沿岸零細漁業者が認め，進んで保護区設置を望むようになったといわれている．京都のズワイガニ漁業でも，漁協が自主的に禁漁区を定めて資源回復に成功し，アジア初の海洋管理協議会（MSC）認証漁業となった．

生物多様性条約の主要な目的は生物資源を持続可能に利用することであり，保護区をつくること自体ではない．海洋保護区は管理手法の1つであり，とくに底生・固着性生物に有効である．

では，沖合に広大な保護区が必要か．たとえば深海底の熱水鉱床を保護区

に設定することが考えられる．その場合，海底を保護すれば，その上の海面および海中の資源を利用することは可能だろう．

また，クロマグロの産卵親魚を保護するために，産卵期のクロマグロの漁獲制限をすることは有効である（図 2.19）．

本来，海洋保護区は 1 つの魚種を守るためのものではなく，生態系を保護する趣旨である．しかし，沖合域に広大な保護区をつくるにあたっては，より柔軟な運用が許されるだろう．

マグロ類など上位捕食者の保護のため，海洋保護区（MPA）の数値目標を愛知目標に盛り込むことを目指していた Pew 環境グループのスーザン・リーベルマン（Susan Liebermann）氏は，そのような運用も認め，私に協同するよう誘ってきた．私も，愛知目標として 10% の保護区設定を掲げ，それを沖合域にも適用する以上，それが現実的な道であり，クロマグロ保護に効果があると考える．

浮魚類の産卵親魚の禁漁には広大な海洋保護区が必要だが，これは海洋保護区の数値目標を達成する解となりうるだろう．2011 年 5 月に，環境省は日本の共同漁業権水域を海洋保護区と見なすことにより，排他的経済水域（EEZ）の 8.4% が保護区に数えられるという見解を示した．この見解には異

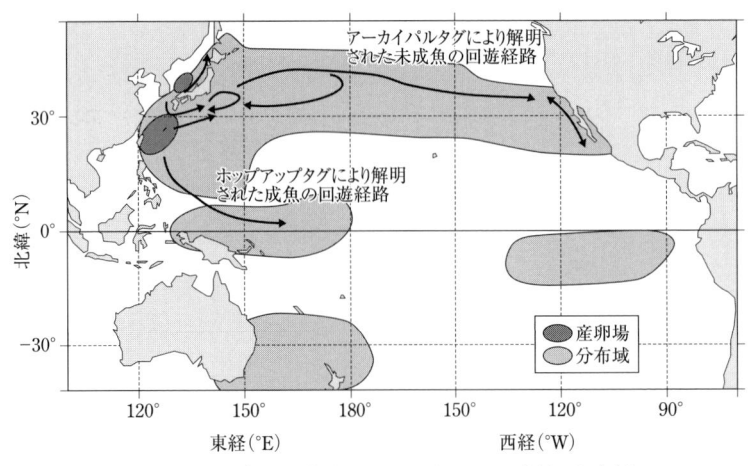

図 2.19　クロマグロの分布と回遊（水産総合研究センター資料より改変）．

論も多い．沿岸域と沖合域で，別々に 10% の保護区を設けるのが愛知目標の趣旨であり，議長国としての日本の責任と考える．保護区の定義については，上記のようにさまざまな道がある．実行可能で，よりいっそうの保全に有効な解釈をするのが望ましい．

　水産庁と WWF ジャパンの 2010 年のクロマグロをめぐる見解のように，対立しつつも協調する関係を築き上げていることは，一昔前にはなかったことである．今後のクロマグロ保全の進展に期待する．

第3章　海のリスク管理
──環境・健康・経済

3.1　野生生物のリスク管理

（1）20世紀と要素還元主義

　20世紀は，結果的には還元主義全盛の時代だった．20世紀半ばには，一部の物理学者は生物学に期待した．生物学には，要素還元主義では解けない問題があると思われた．けれども，けっきょくは遺伝子の塩基配列を調べ上げるというもっとも素朴な還元論が，最大の成果をあげたかに見える．

　塩基配列だけで生命現象を解明できるわけではない．しかし，地中海とメキシコ湾のクロマグロが交流しているかどうかは，マグロに標識をつけて放し，再発見を待つよりも，両者の遺伝子を比べるほうがはるかに実証力があった．サルの群れを観察してボス以外のサルが交尾しているかどうかを調べるよりも，父と子の遺伝子を調べるほうが父親判定には有効だった．

　20世紀は，科学に対する信頼が揺らいだ世紀でもあった．原子力，公害，地球温暖化，内分泌攪乱物質など，科学の負の成果が不信をもたらした．また，1992年の国連環境開発会議（地球サミット）では予防原則（precautionary principle）が国際的に合意され，そのリオ宣言の第15原則では，「環境に対して深刻あるいは非可逆的な打撃を与えるとき，科学的に不確実だからという理由で環境悪化を防ぐ費用効果的措置を先延ばしにしてはいけない」ということが合意された（松田，2000）．地球温暖化と生物多様性の保全は，その真相が科学的に証明されてから対策を立てていては遅すぎる．しかし，科学者は証明されていないことを社会に対して提言することに，まだ慣れてはいない．今までは，それは厳しく戒められるべきことだった．こ

の基本原則は，今も変わってはいない．

　地球温暖化問題では，よくシナリオという言葉を聞く．そして，まだ証明されていないさまざまな前提を置いて将来予測を行っている．生物多様性を保全する際にも，同じ限界がつきまとう．そもそも，なぜ生態系を守らなければいけないか，生態系が具体的に人類にどのような恩恵をもたらすか，科学的に十分わかっているとはいえない．

　そこに，リスクの科学が登場した．リスク管理では，失敗する危険性をゼロにすることができない問題に対しては，その危険性を最小限にとどめることを目指す．リスクとは，ある目的が達成できない確率のことである．確率論は古くからあるが，リスクの科学では，リスクを計算するときに，しばしば証明されていない前提を用いる（ロドリックス，1994）．まさに，危ない科学である．

　証明されていないのだから，その時点で真偽のほどは科学的には決められない．そのため，どのように合意を図るかがつぎの問題になる．また，後でまちがいとわかった場合に，見解を改める説明責任（accountability）が必要になる．本節では，海の例から離れるが，増えすぎたエゾシカを適正規模に維持することを目指して1998年から実施された道東地区エゾシカ保護管理計画（以下，「道東計画」．全文は http://risk.kan.ynu.ac.jp/matsuda/deer.html からたどれる北海道環境科学研究センターのホームページに載っている）を例に，個体群管理と生態系管理の考え方を紹介する．道東計画は国際捕鯨委員会（IWC）科学委員会で合意されたクジラの管理理論を参考にしたものである．この計画を実施した後，私は日本鯨類研究所に招かれて道東計画を紹介する機会をいただいた．そして，エゾシカだけでなく，1999年に改正された鳥獣保護法で採用された特定鳥獣の科学的・計画的管理制度の日本におけるさきがけとなった（松田，2000；松田ほか，2001）．

（2）個体数の過少推定

　エゾシカは明治時代に大量に捕獲され，豪雪による大量死も加わって，一時は絶滅寸前に陥った．その後は永らく保護政策を続けていたが，落葉樹林を切りひらいて餌場となる草地と越冬場となる針葉樹林を増やすと，シカはうなぎのぼりに増え始めた．農地を荒らし，森の樹皮を剝ぐなどの被害が増

え始め，1957年に雄の狩りを再開した．それでもシカは増え続け，1994年から雌の狩りを再開した．そして，道東計画を策定し，「緊急減少措置」と名付けた大量捕獲を続けている（図3.1）．

ニホンジカはほぼ2歳で子を産み，毎年1頭ずつ産み続ける．寿命は20歳近く，雌の自然死亡率は5%以下と見られる．洞爺湖中島にいるシカは，1957年から58年にかけて雌雄1対を放した後，1984年には300頭近くに達した（図3.2）．自然増加率は年に15%から28%と見られる．大型獣でありながら，増加率がこれほど高いことに私は驚いた．2歳で成熟して出生時性比は雌雄半々である．これから，親も子もまったく死なない場合，エゾシカの自然増加率は年率37%である．これが自然増加率の原理的な上限である．さすがにそこまで高くはないらしい．しかし，真の増加率は，図3.2のように限られた観察事例でしかわからない．繁殖率や生存率の推定精度も高くはない（松田，2000を見よ）．

しかし，なにより問題なことに，道東のエゾシカが何頭いるかわからない．北海道は1993年度のヘリコプターによる目視調査にもとづき，道東のシカが7.6万-12.4万頭いると見なしていた．ところが，年間数万頭ずつ獲り続けても，なかなか減らない．全道100カ所以上での道路目視調査，ヘリコプ

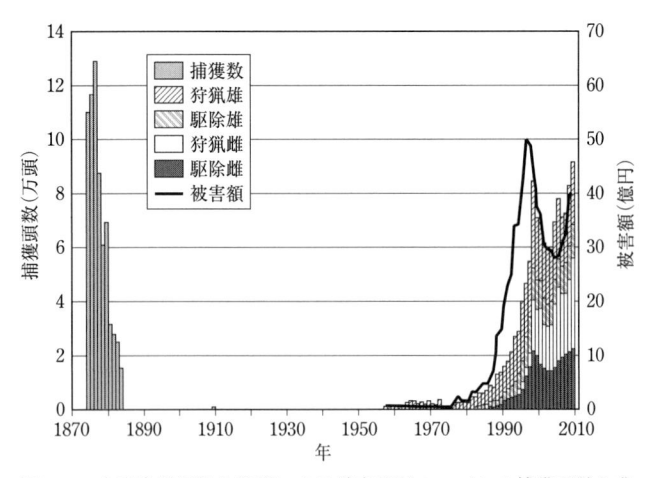

図3.1　有害鳥獣駆除と狩猟による道東地区のエゾシカ捕獲頭数と農林業被害額の推移（北海道資料より描き直す）．

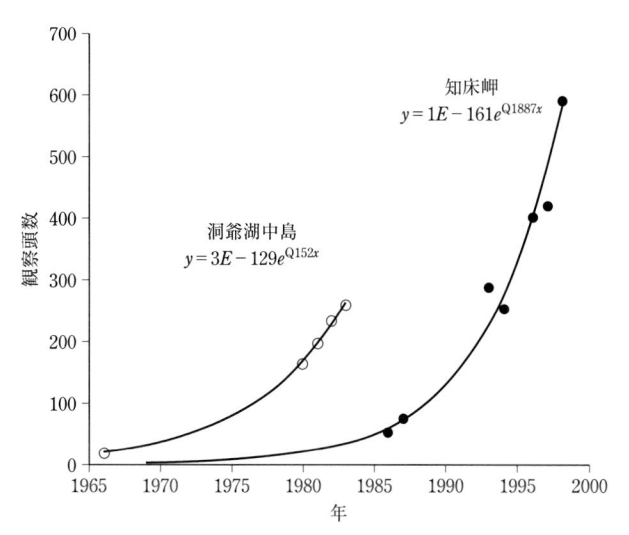

図 3.2 洞爺湖中島（○）と知床岬（●）の観察されたエゾシカ個体数の変遷（Kaji *et al.*, 2005 より描き直す）.

知床岬
$y = 1E - 161e^{Q1887x}$

洞爺湖中島
$y = 3E - 129e^{Q152x}$

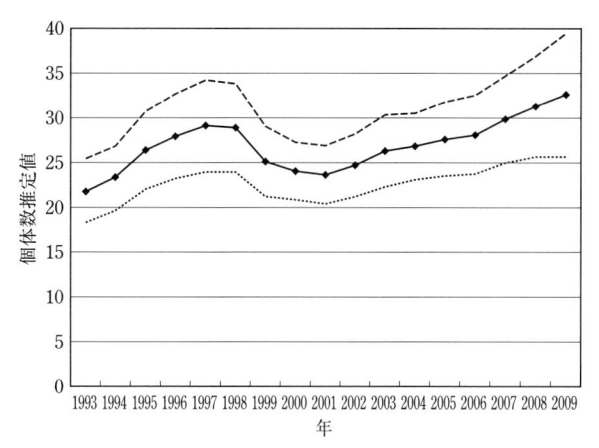

図 3.3 道東のエゾシカの推定個体数の変遷. 実線は個体数の点推定値, 破線と点線はそれぞれ個体数推定値の 95% 信用区間の上限と下限（Yamamura *et al.*, 2008；北海道広報資料より改変）.

ター調査，狩猟者からの聞き取りによる捕獲率，発見頭数調査，農林業被害査定，JR列車事故件数報告などの情報を毎年集め，個体数の動向を調べている．道路目視調査によると，2000年の個体数は1993年の58-101%と推定される（図3.3）．苦労して調べた相対指標でさえこのように不確実性が高い．しかし，これだけ獲ってもそれほど減らないとすれば，道東のシカはもっと多かったと考えざるをえない（松田ほか，2001）．

（3）「無知の知」と「諸行無常」

　生物は自己増殖する．負債と同じように，負債と利息の積の分だけ，毎年負債が複利で増え続ける．ただし，過密になると，多くの生物では餌やすみ場所などが足りなくなり，繁殖率や生存率が下がる．けれども，中島のシカは落ち葉まで食べて増え続け，体と角が小さくなっても毎年子どもを産み続ける．きわめて過密になった後，1985年に大量死が起きた．それ以降は平均年4%ほどで緩やかに増えているようである．木の芽も食べて森林の更新は阻まれ，植生は破壊されている．現在の状態はいっけん安定しているように見えるが，数十年先まで続くことはないだろう．このような個体数の大爆発と大量死は，宮城県金華山などにいるシカでも知られている．1980年と92年の中島は，図3.2のようにシカの数が同じでも状況はまるでちがう．これを表すには，少なくともシカの数と餌の量を考慮した2変数以上の力学系が必要である．そして，道東のシカは，まだ過密の影響が顕著ではない．道東の雄ジカは，中島のシカとちがって体も大きく，角も見事である．放置すればまだまだ増え続けるだろう．エゾシカは，大爆発が起きるよりずっと低い個体数密度に抑えなくてはいけない．

　密度が低いなら，放置すればシカは複利で増える．猟師の数は減少傾向にあり，高齢化が進んでいる．毎年獲れるシカの数には限りがある．シカの数が増えすぎると，「返済能力」を超えてしまう．早めに手を打たないといけない．個体数と自然増加率の積に見合う分だけ獲り続ければ，個体数を一定に維持することができる．しかし，この考え方には2つの難点がある．1つは，個体数と自然増加率が不確実であること．これらを過小評価して捕獲数を控えめにすると，シカは増え続ける．もう1つ，自然増加率は毎年環境条件により変化することも無視できない．北海道では，20年に一度の豪雪年

には雄ジカの大半が越冬できずに死ぬといわれる．そして，過去四半世紀，そのような豪雪年はこなかった．クマは数年に一度，ブナなどの堅果がたくさんなる年には子どもが順調に育ち，餌不足の年には出産数が少ないという．短期間の調査で平均的な繁殖率を推定しても，長期的な動向はわからない．つまり，不確実性と非定常性を考慮した管理計画を立てなくてはいけない（松田，2000）．このとき役立つ格言は，ソクラテス（無知の知）と仏教（諸行無常）にある．私たちは，システムの全貌を知らずに管理する術を考えなくてはいけない．これは，システム論では以前から暗箱（ブラックボックス）といい表されてきた．外部入力を未知のものとして扱うことにも慣れていたはずである．

また，管理する際には，状態が変わりうることを無視してはいけない．その際，ある程度の状態変化の許容範囲を設ける．列車の時刻表では秒刻みの厳格な定常状態を設け，ダイヤが乱れた場合には，早急にもとの定常状態に回復する措置がとられる．1973年ごろから始まる変動為替相場制では，急激な円高や円安，乱高下を避けるために日銀などが市場介入するものの，長期的な目標相場は，必ずしも厳格に決められたものではない．これは米ドルとの固定為替相場制を維持していた時代とはまったく異なったシステムである．

為替相場はドルの地位を維持できなくなって，しかたなく変動相場制に移ったのかもしれない．けれども，生物多様性は，非定常であるからこそ維持することができる．1つの場所に限れば，草地から極相林へと遷移が進むが，山火事や土砂崩れ，氾濫などによる攪乱が起こり，もとに戻る．生物多様性は遷移と自然攪乱のつりあいがもたらす不均一なモザイクによって維持される（Christensen *et al*., 1996；松田，2000）．

21世紀の科学に求められている新たな考え方の1つは，不確実で非定常なシステムと人間がうまくつきあうための方法論である．道東計画では，エゾシカの個体数変動を上記の数理モデルのパラメータ値をさまざまに想定したうえで，21世紀の間に増えすぎたり，減りすぎたりして管理に失敗する頻度を試算する．その危険率が5%以内になるよう，個体数が変動する範囲の上限と下限を定める．道東計画では，エゾシカが再び絶滅のおそれを招かないため，1万頭にあたる1993年現在の5%を下限とした．また，エゾシ

カによる農林業被害がめだち始めた1990年前後の水準である50%を上限とした．このように10倍の変動幅を見込むと，個体数指数の推定誤差が15%，繁殖率や生存率の年変動が10%，それらの平均値の推定誤差が20%，大量死を招く豪雪年が平均20年に一度くるなどと仮定すると，およそ，100年後までにこの水準をはみだす危険度を5%以下に抑えることができる（図3.4）．

推定誤差や生存率の年変動の幅は，実際にはよくわからない．温暖化しても平均気温は氷点下だが，なんらかの長期的気候変化により豪雪年の頻度が減るかもしれない．上に仮定した値が正しいとは限らない．しかし，不確実性を考慮しないよりはましだろう．また，100年後にも同じ不確実性が残るとは限らない．将来，人間はより賢明になることだろう．反面，この「リスク評価」を行った際に考慮しなかった危険因子もあることだろう．狩猟でエゾシカを獲った後にその死体を放置し，その肉と一緒に残った鉛弾の破片をオオワシなどが食べて鉛中毒で死ぬ例が1995年ごろから発見された．1999

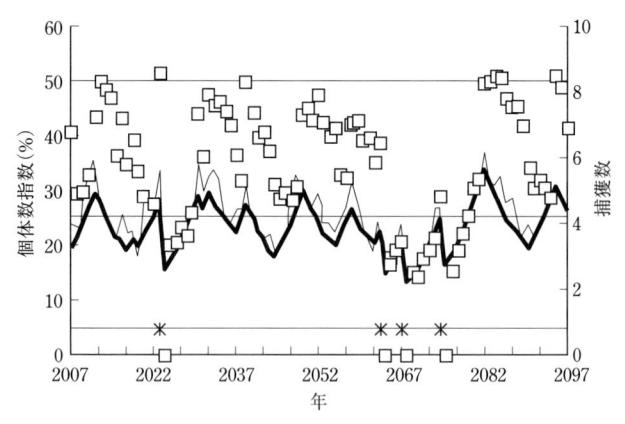

図3.4 道東エゾシカ保護管理計画における個体数変動の計算機実験の一例．3本の横線は上から大発生水準，目標水準，許容下限水準．太い折れ線は個体数指数で，細い折れ線はこれに推定誤差を考慮したもの．この推定値により捕獲圧を調節する．□印は捕獲頭数，＊印は豪雪年を表す．上記の例では21世紀半ばに豪雪年が連続し，下限ギリギリまで減っている．このような乱数を用いた計算機実験を繰り返し，失敗確率を評価した．

年度には 16 例発見されたが，実際に死んだ数はそれよりずっと多く，障害を持ったまま生きている例も多々あることだろう．増えすぎたシカを減らすために，北海道で 1500-2000 羽と推定される絶滅危惧種のオオワシに新たな危険因子が加わってしまった．

北海道では環境省にも働きかけて，2000 年度猟期からライフル銃による鉛弾の使用を禁止し，2001 年度から散弾銃による鉛弾使用も禁止した．代わりの銅弾の普及も進めている．どれほど実行されるかがつぎの問題だが，行政措置としてはかなり早く対処でき，説明責任を果たしていたと思う．

（4）管理自身を実験と見なす順応的管理

生態系は不確実である．エゾシカの個体数を管理するだけでさえ不確実である．科学の役目が完全な情報にもとづき，証明された解答を出すものと考えるなら，これらは科学を超えている．そして，安全性が証明できないものはすべて危険と見なすという風潮がある．しかし，他方では危険性が指摘されながら，証拠が足りないという理由で規制されない技術もたくさんある．すべてのリスクを排除することは不可能である（中西, 1995）．

さまざまな不確実性を想定し，失敗する危険性を減らすためには，継続監視（monitoring）が欠かせない．モニタリングの結果，状態変化に応じて臨機応変に手を変える．これを順応性（adaptability）という．予期せぬ事態が起きていたら，過去の過ちを認めて政策を改める．これを説明責任（accountability）という．これらの考え方を備えた管理を，順応的管理（adaptive management）という（Holling, 1978；松田 2000）．順応的管理は，アメリカのグレンキャニオンダムの人工洪水実験に取り入れられたほか，とくに米国では生態系管理の標準的な考え方になっている（Christensen *et al.*, 1996；鷲谷, 1998）．

日本では，薬害エイズ禍事件により説明責任という概念と訳語が定着したが，順応性については，まだ訳語さえ定着していない．

もう 1 つ私が重視しているのは，反証可能性（falsifiability）である．不確実性がある限り，将来についても確たる予測はできない．逆に予測があたっても，それを説明する複数の理論が残っているかもしれない．私たちに求められるのは予測の範囲を明示することである．つまり，将来起こらないこ

とを例示することである．環境影響評価では，将来起こりうる最悪の事態を述べることである．それ以上悪いことが起きれば，その予測が外れたことを意味する．反証可能性が問われなければ，具体的な予測をせず，将来なにが起きても失敗ではないといい続けることができる．これは公正な環境影響評価制度ではない．

しかし，将来は確率的にしか予想できない．これがリスクの考え方である．危険性が十分低いと予測したことが実際に起きてしまった場合，2つの解釈ができる．1つは予測の前提がまちがっていて危険性を過小評価した場合，もう1つはほんとうに運が悪かった場合である．後者の場合は誤りとはいえない．しかし，失敗した責任をとり，計画を見直すことは避けられないだろう．この場合には，ほんとうは正しいのに運悪く失敗して否定される第二種の過誤より，ほんとうにまちがった計画を反省しない第一種の過誤を避けるべきである．順応的管理は，このように管理自身を実験と見なしている．実験に失敗したことがただちに仮説の否定につながるわけではない．しかし，失敗した実験結果だけでは論文は書けない．

ちなみに，現在の北海道の標語は「試される大地」である．保全生物学の有名な標語に，「為すことによって学ぶ」（learning by doing）というものがあるが，これも同根の考え方である．

リスクの科学は，証明されるのを待っていては手遅れになる問題を扱う．したがって，どの仮説を採用するかは，科学だけでは決められない．合意形成の手続きが重要になる．手続きの基本は，透明性とリスクコミュニケーション（危険の周知）であろう．つまり，当事者および関心を持つ者に政策案を公表し，意見を募る．このような手続きは日本でも定着しつつある．

科学において公募という手法を用いた例に，「囚人のジレンマゲーム」の計算機選手権がある（アクセルロッド，1987）．この2人で行うゲームは，両者が協力あるいは裏切りの手を出し，双方協力なら3点ずつ，片方が裏切り他方が協力すればそれぞれ5点と0点，双方裏切ると1点ずつ獲得する非ゼロ和ゲームである．自分の利得を最大にするには，1回だけのゲームなら裏切るしかないが，同じ相手とゲームを繰り返すと，「初対面では協力し，相手が裏切らない限り自分も協力する」という互恵主義が高得点をあげる．ただし，相手が裏切るとわかっているなら初回協力するだけむだである．つ

まり，相手の戦略しだいでもっとも高得点をあげる戦略が異なることが知られていた．

そこで，アクセルロッドは戦略を計算機プログラムのかたちで公募した．応募してきた戦略を用いて計算機のなかでリーグ戦を行い，もっとも高い利得を得た戦略を有効な戦略と見なした．その結果，非協力ゲームでも互恵的な協力関係が利益を得ることが広く認められるようになった．これは，一種の合意形成の手法を科学に持ち込んだ先駆的な例だったと思う．

科学は時代の要請に合わせて進歩する．私が今世紀に必要になると考えていることは，①現在わからないことを，わからないなりに対処し，将来解明されるように目論見ながら実行していくための方法論，②実証される前に社会に対して科学者が提言する際の規準，③科学的にどれが最善か立証できない選択肢のなかから，とりあえずどれを選ぶかを合理的に決めるための手続き，である．私は，これらの問題に答えるために，それぞれシステムの科学，リスクの科学，合意形成の科学が重要だと考えている．

これらの科学は，どれも未完成である．まず必要なことは，これらが未完成であることを認めながらことにあたること自身である．

科学者は，科学的に立証できないことについてはなにも語らないことが美徳とされてきた．この美徳は，基本的には今後も大切にすべきである．美徳を破るときには，それなりの理由が必要である．その1つが予防原理である．多くの場合は，やはり，立証するまで待つことが肝要である．

3.2 漁業の適切な管理

（1）最大持続漁獲量（MSY）理論

漁業は乱獲の歴史であった．今日たくさんの魚を獲ることが，将来の魚を減らすことに繋がる．石油のような化石資源と異なり，獲った量の累積値は獲り方によって一定ではない．つまり，化石燃料では累積採掘量は当然究極埋蔵量より少ないが，水産資源では一定以下の漁獲量にとどめれば，資源は永久に枯渇せず，無限に獲り続けることができる．枯渇せずに獲り続ける最大の漁獲量を最大持続漁獲量（Maximum Sustainable Yield；MSYと略記）

という．水産学の世界では「最大持続生産量」と訳されている．水産資源を有効に利用することは，資源の枯渇を避けることであり，資源の有効利用と資源保護は自動的に両立するように見える．けれども，これは正しくない．代表的な生物経済学の教科書（Clark, 1990；松田, 2000）によれば，理由は2つあげられる．

1つは「経済的割引」の効果である．将来の漁獲は，現在の漁獲に比べて経済価値が割り引かれる．したがって，持続可能な漁獲量からの利益の累積の現在価値は有限である．とくに世代時間が長く，少産の生物資源は，乱獲への経済的誘因が働く傾向がある．

もう1つは，「共有地の悲劇」である．ある水産資源を2漁業主体が共有するとき，両者が協定を結んで合わせてMSYを実現するようにすれば，漁獲量の合計値は最大になる．しかし，一方が協定どおりに漁獲努力量を控えても他方が裏切って努力量を増やせば，後者が短期的な利益を得て，将来の利益は双方共通に失う．後者が短期的に得る利益の増加が将来の損失より大きければ，協定を破る経済的誘因がある．この誘因は両者にあり，結果としてMSYに比べて乱獲状態に陥る．これを「共有地の悲劇」という．

最近では，より根本的な批判も指摘されている．実際の水産資源は，一定量の漁獲を続けても定常状態には収束せず，つねに変動する非定常な資源である．また，MSYを求めるには資源量とその増加量の関係を正確に知らねばならないが，この関係も，そして現在の資源量そのものも正確に把握できない不確実な資源である．さらに，MSY理論では資源量はその生物が利用する餌や天敵の量によって複雑に変わることが考慮されていない（Matsuda and Katsukawa, 2002；浦野・松田, 2007）．

（2）漁獲可能量制度

国連海洋法条約（UNCLOS）の発効により，排他的経済水域（EEZ）の資源を沿岸国が排他的に利用することが認められ，代わりに沿岸国には資源を持続可能に管理するために漁獲可能量（TAC）を定める義務を負った．日本においては，まず水産庁の委託を受けた水産総合研究センターが生物学的許容漁獲量（ABC）を評価し，それに社会経済学的要因を考慮して水産政策審議会が漁獲可能量を毎年設定する．現在ではサンマ，スケトウダラ，

マアジ，マイワシ，サバ類，ズワイガニ，スルメイカの7魚種でTACが設定されている．

ABCの決定規則は資源の情報量などにより異なるが，図2.7（p.41）のように定められる．推定資源量Bが比較的高水準（$B>B_{limit}$）のときには漁獲係数FをF_{target}などに定め，ABCはおよそ両者の積（$B \times F$）になる．推定資源量がB_{limit}以下に減ると，資源を確実にB_{limit}以上に回復させるようFを上記より低く設定する．そして漁業が成り立たない水準であるB_{ban}以下に減ると禁漁にする．2004年にマイワシ対馬暖流系群はB_{ban}以下に減り，ABCをゼロと提案したが，漁業者の猛反対に遭い，日本ではまだTACをゼロにした例はない．

TACを定める際には，大臣許可および各知事許可にその漁獲量を配分する．来遊量が不均一であるために，すべての地域・漁法においてTACを消化し，全国漁獲量がTACに一致することはまれである．諸外国においても，TACの配分方法は漁業者や団体などに配分する個別割当量（IQ）方式，各漁業者が分与された割当量を他者に譲渡できる譲渡性個別割当量（ITQ）方式，各漁業者が自由に漁獲し総漁獲量がTACに達した時点で漁期を打ち切るいわゆるオリンピック方式がある．

もともと，このように資源量を監視し続け，その推定値にもとづいて漁獲可能量を定める方法の先駆例は，国際捕鯨委員会（IWC）科学小委員会において発達した改訂管理方式（RMP）であった．自然増加率や個体数をさまざまに仮定して管理に失敗するリスクを評価し，推定誤差に備えて保守的な捕獲枠を設定し，資源量推定にベイズ推計法を用いている．TAC制度でも，従来は一通りの未来を描いていたが，最近では数値目標を達成する「資源回復確率」を求めて資源評価票に公表するようになった．TAC制度の下で必ず資源が回復するとはいえない．それは確率で表現され，失敗するリスクを許容範囲にとどめるような管理方策を提案するリスク管理（浦野・松田，2007）を行うことが大切である．このように，未実証の前提にもとづいて管理計画を実施し，監視を続けて状態変化に応じて予め定めた規則にしたがって管理方策を変え，前提の妥当性を検証する管理方式を順応的管理（鷲谷，1998）と呼ぶ．

（3）資源管理型漁業

　原則として漁場への自由参入が認められていたために，政府の責任において上意下達型の管理制度を実施する欧米とは異なり，日本やアジア諸国などでは，漁業者の自主管理が管理の主役であった．日本では沿岸漁業において乱獲を防ぎ，資源を有効利用するための基本原則を設けている．これを資源管理型漁業という．TAC制度のような総量規制ではなく，必要に応じて禁漁期や禁漁区を設け，漁具漁法の制限などを行い，未成魚，産卵親魚の保護，漁獲努力量の制限，過当競争の回避や収入のプール制などを工夫する．そのために漁協が資源量，産卵量調査などを行い，たがいの違法操業を監視する．欧米ではこのような自主的取り組みを（当局と漁業者の）共同管理（co-management）と呼び，監視や罰則の費用を軽減する効果に注目し始めている（浦野・松田，2007；Makino and Matsuda, 2005）．このような沿岸漁業においても，伊勢・三河湾のイカナゴ漁業のように，資源評価を行って臨機応変に禁漁区面積を変え，漁期を打ち切る順応的管理が行われている例がある（Tomiyama *et al.*, 2005）．

（4）公海上での漁業規制と生態系アプローチ

　他国の200海里水域での遠洋漁業は制限され，公海上の漁業に対するさまざまな規制が国連で採択されている．とくにある国の排他的経済水域（EEZ）と公海にまたがって（straddling）分布するヒラメなどのストラドリング魚類，各国のEEZおよび公海を回遊するマグロなどの高度回遊性魚類，さらに公海と陸域を回遊するサケ・マス類などの遡河性魚類，それに鯨類など海生哺乳類を保護する国際機関ができている．

　これらは漁業対象資源の保護と管理を主目的としたものだが，国連総会および国連海洋法条約そのものでは，最近では，漁獲対象資源の保護だけでなく，混獲や生態系への影響に配慮した決議もあげられている．1992年，国連総会における公海大規模流し網漁業禁止決議は，漁業対象であるマグロやイカの資源管理が目的ではなく，イルカやウミガメや海鳥の混獲を防ぐことが目的であった．IWCでも，捕鯨国以外では漁業ではなく環境系の所轄官庁が出席するために，持続的な鯨類資源の利用という条約本来の目的から離

れた議論が行われることがある．

　また，生物多様性に関する条約や自由貿易に関する条約でも漁業への制約が課せられることがある．ワシントン条約（絶滅のおそれのある野生動植物の種の国際取引に関する条約，略称はCITES）では，鯨類やタイマイなどの水産資源が附属書Ⅰに掲載され，国際商取引が原則禁止されている（松田ほか，2004）．生物多様性条約や国連海洋法条約では，公海における着底トロール漁業のモラトリアムが提案されている．捕鯨や海生哺乳類・海鳥・ウミガメ類の混獲，マグロやサメ漁業，着底トロール漁業をめぐっては，このように漁業の適正な管理ではなく，環境団体が漁業の停止を求めている．その半面，自由貿易については違法無規制無報告漁業（IUU漁業）を促すという点で，環境団体は農林水産漁業を支持する立場をとる．日本の農林水産省も環境団体の主張に言及し，輸出入を制御する必要性を訴えている（農林水産省，2002）．

（5）海洋保護区

　海洋保護区（Marine Protected Area；MPA）は，たんに保護区内での漁業を規制するだけではなく，鳥獣保護区や国立公園と同様に生態系を保全することを目的とする．海洋保護区には決まった定義はないが，野生生物の保全のためになんらかのかたちで人間活動を制限するものである．もっとも一般的に制限されるのは，海洋保護区内での浚渫工事などの海底地形の改変である．つぎに制限されるのは定置網など選択性の低い漁法による漁業や，産卵親魚や幼魚の漁獲である．さらに，一切の漁獲を禁止する場合もある．これをノーテイクゾーン（No-take zone）という．日本にも国立公園普通地域，海中公園地区（自然公園法），海中特別地区（自然環境保全法），保護水面（水産資源保護法）など，海洋保護区と認められるさまざまな法的措置がある（松田ほか，2004）．

　海洋保護区が資源保護にとって有効と考えられる理由は，ほかの漁業規制がうまく機能しなかったという反省からである．なぜうまく機能しないかといえば，不確実性に対して脆弱だったからである．海洋保護区は，一定面積の漁場にいる資源は保護されるから，枯渇するまで減ることはない．

　京都のズワイガニ漁業では，資源の著しい減少を受けて人工構築物を沈め

た恒久的な海洋保護区の導入に合意した．ただし，一度に広い面積で導入するのではなく，狭い面積で導入して効果を確認しつつ，漁業者とその都度合意して海洋保護区の面積を広げていった．このようにして，漁業者も保護区設置が失敗したときのリスクを最小限にとどめつつ，結果として資源保護に成功した（浦野・松田，2007）．同時に漁獲努力の自主規制も進め，資源を増やしつつ，持続可能な漁業を進めている．

3.3 食文化の多様性

（1）生物資源の多様性とは

　生態系は，人間が手を加えなくても大きく変動し続ける非定常系である．多様で複雑な生態系が，この動的な共存を支えているのかもしれない．高水準期のマイワシやサンマなど栄養段階の低い浮魚資源は膨大であり，それをすべて食材として利用すれば，日本人のタンパク源の主要な供給源となりうる．ただし，これらの資源は消長が激しいので，時代とともに利用する食材を変える必要がある．

　かつては，生態系は多様なほうが安定していると考えられてきた．ところが，熱帯雨林のような多様な生態系も，最新の生態学の成果によれば，けっして定常状態にあるわけではなく，変化に富み，多くの生物種の個体数や生物体量が時間とともに変動しているという．自然は人間の関与がなくても非定常なのである．しかし，変動しつつも存続し続け，種全体の絶滅はまれにしか起きない．

　このように，生態系が動的共存状態にあり，多様性がその共存を支えているという理解が生態学者の定説となったのは，ごく最近のことである．その典型例が図2.18（p.65）に示すマイワシ，カタクチイワシ，マサバとゴマサバ，サンマなどプランクトン食浮魚類の資源変動である．図2.18は日本の漁獲量だが，マイワシは1969年の1万トンから1987年の450万トンまで約500倍の変動があり，しかも数十年周期で繰り返しているように見える．この変動は乱獲などの人為的要因ではなく，有史以前から繰り返され，海洋環境の数十年単位のレジームシフト（気候がある状態から別の状態へと地球

規模で急速に変化し，その影響を受けて海の環境や生態系が大きく変化する自然現象）と結びつけて考えられる自然変動と見なされている．

しかしながら，自然の多様性は大幅に失われつつある．このため，国際自然保護連合（IUCN）は，100年以内に絶滅するおそれがあるか，きわめて個体数が減ってしまうであろう野生生物を集めた絶滅危惧種の目録（レッドリスト）をつくっている．日本の環境省でもIUCNの判定基準に準じてレッドデータブックを各分類群でつくっているが，たとえば維管束植物では，約7000種（亜種を含む）ある日本の在来種のうち，約2割が絶滅危惧種に指定されたほどである（松田，2000）．

ミナミマグロなども，四半世紀前に比べて資源量が2割以下に減ったとして，IUCNにより絶滅危惧種に指定された．海洋生態系の上位捕食者であるサメやマグロは，遠洋延縄漁船の1針あたり漁獲尾数（CPUE）の減少率から，乱獲により四半世紀前に比べて1割程度に減っているとされ（p.40, 図2.6を参照），「海が死につつある？」と"Newsweek"誌などで大きく取り上げられた（p.35, 図2.1を参照）．

上位捕食者が減っていることに異論はないが，はたしてそれほど極端な減少があるかどうかは，国際的にも異論が多い．とくに，CPUEと資源量が比例関係にあるという解釈はあまりに粗い．現に資源が急激に減りつつあった20年ほど前よりも，現在のほうがマグロ類の漁獲量は多い．

いずれにしても，海洋生態系の変化に応じて，漁獲物も変わりつつある．動物は植物食，草食動物食，肉食動物食などと，食物連鎖を通じて植物から何段階経る位置にあるかが異なる．これを栄養段階という．雑食のものも，平均的な栄養段階が種によりだいたい決まっている．世界の漁獲物全体の平均的な栄養段階を評価すると，時代とともに下がっていることがわかる．つまり，水産物として価値の高いマグロなどの上位捕食者を獲り尽くし，イワシなどの低い段階のものに漁獲物が移ってきていることがわかる．これを漁業崩落（fishing down）という（図3.5）．

私は日ごろから小型浮魚類を利用するよう主張しているから，漁獲物の栄養段階が下がること自体が悪いこととは思っていない．しかし，それが海洋生態系のなかの上位捕食者が減った結果だとすれば，たしかに問題である．しかしこの場合，本来評価されるべきは，漁獲物の栄養段階ではなく，海洋

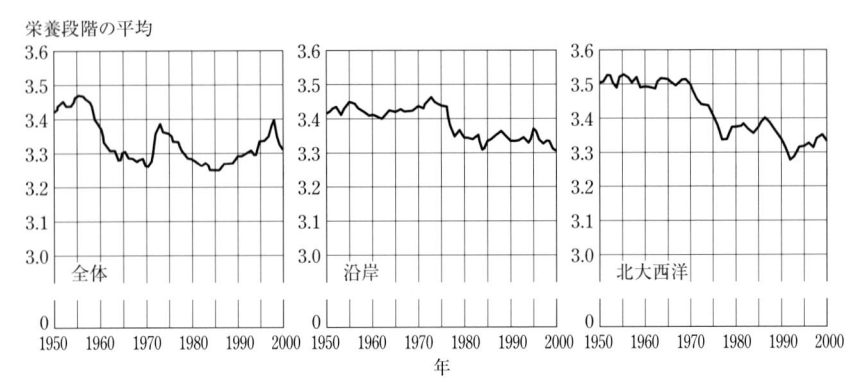

図 3.5 漁業崩落（国連ミレニアムエコシステム評価，2007 より）．

生物資源の平均栄養段階の下落である．換言すれば，海のなかの多様性と，利用する漁獲物の多様性は，同じではない．イワシ類のように栄養段階の低い資源をたくさん獲るほうが，持続可能に漁獲量を増やすことができる．

（2）なぜ生物は多様なのか

　種は交配の単位であり，種に分かれていることが，種どうしの形質の相違をもたらすと考えられる．九州ほどの面積のタンガニーカ湖では，カワスズメ科の魚が170種にも分かれている．その多くは固有種で，沿岸域にすみ，岩礁と砂底の断続した生息場所になっていて，地理的に隔てられ，生殖隔離によって多様な種がこの湖のなかで進化し，共存したと考えられている（西田，1993）．また，両親の遺伝子を組み合わせてどちらとも異なる遺伝子組成を持つ子をつくる有性生殖が，突然変異とともに，多様性を創出するしくみである．

　環境，あるいはそれぞれの生物が利用する資源が時空間的に不均一であることが，多様性を説明する1つの要因と考えられている．不均一であるために，親と同じ生き方をしてもうまくいくとは限らない．しかし，多様な子を残せばだれかが生き延び，子孫を増やすことができるだろう．

　ただし，多様な子を産むということは，むだも生じるということである．とくに，精子と卵子の大きさが著しく異なる異型配偶では，雄の精子の大半はむだになる．雌が単為生殖する場合に比べて，個体群全体としての子ども

の数は半分になる．これを「減数分裂の2倍のコスト」という（松田，2004）．はたして，環境変化に対して多様な子を残す利点が，この毎世代2倍のコストを上回るかどうかは疑問である．2倍以上の利益があることを示すために，さまざまな環境変動のしくみが考えられたが，どれも決め手にはなっていない．

（3）人間にとってなぜ生物多様性が必要か

最近，よく生物多様性の必要性について質問を受ける．正直いって，生態学はこの問いに対する明確な答えを用意しているとはいえない．とくに，すでに個体数が激減した絶滅危惧種を保全する意義は不明確である．生態系に主要な地位を占める種が突然いなくなれば，大きな影響が生じることは直感的にも理解されやすい．しかし，すでにほとんど姿を消した生物が完全に消えても，今の生態系のなにが損なわれるのか，直感的にもわからないだろう．ちょうど，友人はなぜ必要かとたずねるようなもので，個々の友人の存在がはたしてある人にとって有益か無益かは，必ずしも明確ではない．しかし，友人がつぎつぎにいなくなる事態は，おそらく避けるべきだろう．絶滅危惧種を保全するのは，それと似たようなものだと理解される（松田，2000）．

1992年の生物多様性条約では，種の絶滅が不可逆事象であり，科学的証明が不十分であっても，深刻または不可逆的な環境影響を避けるという予防原則がリオ宣言第15原則により合意されている（松田，2000）．

生物多様性の重要性を説明するたとえ話はいくつかある．上述の「友人を大切にする」という以外に，たとえば，代替品を多数そろえたほうが環境変化などに生態系が耐えられるということもできるだろう．

（4）食材の多様性が求められる理由

多様性が論じられるのはなにも生物資源に限ったことではない．よく，1日30種類の食材を食べることが推奨される．これは環境のためでなく，健康のためである．人間は雑食性であり，有蹄類のようにセルロースを分解する腸内細菌も反芻胃もない．また，食材の多くを加熱するために獣肉とその内臓を生で食べることもないので，1つの生物種だけを利用して必要なすべての栄養素をそこから摂ることは困難である．そのため，なるべく多くの食

材を食べることを勧めるのだと思う．

　ただし，それが環境にやさしいかといえば，別の議論が必要だろう．図 2.18（p.65）に示したようにマイワシは 1930 年代と 1980 年代には高水準期で，この時代のマイワシの漁獲物の大半は直接人間が食べるのではなく，魚油，魚粉に利用され，給餌養殖業を支えていた．その一方で，1960 年代には 1 万トンを切るほどにまで落ち込んだこともある．現在もマイワシは獲りすぎで，資源は減り続けている．自然変動に乱獲が追い討ちをかけているのだ．

（5）季節や時代によって食べる魚を変える

　イワシ類やサンマなどプランクトン食浮魚類の資源量ならびに漁獲量は大きく変動する（p.65，図 2.18 を参照）．1970 年代には世界の全漁業生産量は約 1 億トンであり，その 1 割以上をペルーのカタクチイワシが占めていた．これもほとんど魚粉として利用され，直接人間の口には入らなかったという．すべてを食材として利用するには，食材として消費できる機会を増やさなければいけない．

　この事情はサンマも同じである．サンマは 1990 年代からカタクチイワシやスルメイカとともに高水準期が続いている．水産資源学者はサンマを今よりたくさん獲っても乱獲にならないとし，生物学的許容漁獲量（ABC）を 50 万トン（2002 年）に設定しているが，これだけ獲ると食材として供給過多になり，値崩れするため，漁獲可能量（TAC）は 31 万トンに設定され，実際の漁獲量はさらに少なく，20 万トンしか獲らなかった．実質的な生産調整である．スルメイカも，2002 年の ABC，TAC，漁獲量はそれぞれ 60，53，22 万トンと"生産調整"されている．

　他方，サンマ漁船は小型魚を大量に投棄することのできる「選別機」を搭載している．現在のような高水準期には大きな影響はないかもしれないが，低水準期に小型魚を大量に投棄すれば，資源の再生産に大きな影響を受けるだろう．

　ところで，みなさんはどれだけサンマを食べるだろうか．毎週食べる人は，むしろ多食といえるだろう．それに比べて，絶滅危惧種とまでいわれているクロマグロ，ミナミマグロ（インドマグロ）のほうをより多く食べている人

は，けっして少なくないだろう．資源の豊富なサンマやイカをもっと食べることはできないのだろうか．同じことは，1980年代のマイワシ，現在のカタクチイワシにもいえる．つまり，私たちは，せっかく潤沢にあるタンパク源を利用しきれていないのだ．

図2.18（p.65）を見るとわかるように，サンマもつねに豊漁ではない．マイワシやカタクチイワシはさらに変動が激しい．1980年代のマイワシは自然変動で減ったのであり，さらに漁獲量を増やしても乱獲ではなかったと思われる．かりに1000万トンの浮魚を獲れば，1億2000万人の日本人1人あたり年間80 kgである．これは1日220 gに相当する．すべてが可食部ではないが，十分なタンパク源であり，肉を食べる必要がなくなる．しかし，1990年代以降は，マイワシは資源量低下のため，ほとんど食卓に上らなくなった．2004年の漁獲量4.7万トンさえABC 2.2万トンより多い漁獲量であり，生物学的には乱獲である．もはやタンパク源としては期待できない資源状況である．

では，現在はなにがあるのかと見回せば，さすがに1000万トンは無理かもしれないが，サンマとスルメイカにカタクチイワシも含めれば少なくとも200万トンは利用することができるだろう．したがって，自然変動の激しい浮魚類を有効に利用するには，毎年多様な魚を食べるというよりは，ある年はサンマを大量に食べ，別の時代にはマイワシばかり食べるような食生活になることだろう．現在の豚肉はこれ以上に消費しているはずである．それは，マイワシ以外になにも食べるなということではない．それ以外に，少量ずつ多様なものを食べることは生態系への影響として差し支えない．問題なのは，1990年代のマイワシやマサバのように，減った資源をたくさん獲り続けることである．

（6）変動する生物資源をじょうずに利用するには

漁獲量を控えると漁業者が生活できないというが，1997年には漁業者は20万トン獲る必要があるといって，研究者が提示する10万トン程度のABCを拒否していた．現在5万トンでよいというなら，数年前にそうすべきだったのだ．つねに乱獲状態を続けて資源量と漁獲量を減らし続けることが賢明とはいえない．水産総合研究センターが緻密に計算して答申される

ABCを守っていれば,数年間の総漁獲量はむしろ多かったはずである(松田,2000).

したがって,自然変動する生物資源を有効に利用するには,①そのとき多い資源を有効に利用すること,②長期的にはさまざまな代替資源を利用すること,③栄養段階の高い生物より低い生物をおもに利用すること,が重要である.

そのためには,漁業者の側だけでなく,加工,流通,消費者の側も意識変革が欠かせない.しかし,全体としては海の生物資源は膨大であり,けっして1億人の日本人の胃袋を日本近海の生物資源がまかなえないことはないと,私は考えている.

第 4 章　海の理論生態学
——最大持続漁獲量（MSY）の理念

4.1　生態系の複雑さと最大持続漁獲量の理念

（1）最大持続漁獲量（MSY）の問題点

　種間相互作用を考慮すると，漁業は対象魚種が枯渇しない程度に保護するだけでは不十分で，その捕食者などが激減しないよう注意する必要がある（Matsuda and Abrams, 2006）．MSY 理論は，ここでも見直しを迫られている．

　最大持続漁獲量（MSY）の理論は，法律の条文にも明記されている．すなわち，国連海洋法条約第 61 条では，1 項で「沿岸国は，自国の排他的経済水域における生物資源の総許容漁獲量を決定」し，2 項で「自国が入手することのできる最良の科学的証拠を考慮して，排他的経済水域における生物資源の維持が過度の開発によって脅かされないことを適当な保存措置及び管理措置を通じて確保」し，3 項において，「環境上および経済上の関連要因を勘案し」，「最大持続漁獲量を実現することのできる水準に漁獲される種の資源を維持または回復することのできるようなものとする」と規定されている．

　国内では，1996 年に制定された「海洋生物資源の保存及び管理に関する法律」（いわゆる TAC 法）の第 3 条 3 項に，「最大持続漁獲量を実現することができる水準に指定海洋生物資源を維持または回復させることを目標」とすると記されている（桜本, 2004）．

　つまり，MSY とは，法律にも明記された水産資源学の基本中の基本ともいうべき理念である．しかし，近年では MSY 理論の有効性に海外（Hilborn, 2002) でも国内 (Matsuda and Katsukawa, 2002) でも疑問が投げかけられている．生態系はそのしくみも観測値も不確実であり，自然状態においても非定常であり，種間相互作用を持つ複雑な系である．古典的な MSY 理論は，これらをすべて無視している．乱獲でも禁漁でもなく，ほどほどに利用するほうがよいという MSY 概念を使うこと自身を否定するわけではないが，不確実性，非定常性，複雑性を考慮した新たな管理理論の構築が求められている (Matsuda and Katsukawa, 2002)．

不確実な情報にもとづき資源を持続的に利用する戦略として，順応的管理（鷲谷・松田，1998）が注目されている．順応的管理とは，監視を続けて資源動態を把握し，変動に柔軟に対応する方策である．順応的管理によって，予測がむずかしい，非定常で変動が大きな資源にも対応できる．

本章では，第 3 の要因である生態系の複雑性，つまり種間相互作用に注目し，古典的な MSY 理論が持つ問題点を指摘し，さらに種間相互作用系に順応的管理を適用した場合の問題点を議論する．

（2）単一資源の MSY

まず，古典的な MSY 理論を説明する．海のなかにある資源量のうち，どの程度を獲るかによって資源量や漁獲量が決まる．この「獲る比率」を漁獲率といい，図 4.1 では f で表す．図 1.4（p.9）で説明したように，漁獲がなくても魚は無限に増えるわけではなく，環境収容力という有限の定常状態があると考える．ただし実際には，海の環境の年変動，より長期の変動により，水産資源量も大きく変動する．その点については後で論じるとして，まず，環境変動やその他の生態系の複雑さを無視して，漁獲と資源量の関係のみを考える．

図 4.1 に示すように，漁獲率 f が高いほど定常状態の資源量が減ると考えられる．定常状態での漁獲量は資源量と漁獲率の積だから，漁獲率 f の 2 次式になり，上に凸の放物線になる．このグラフの頂点が定常状態での漁獲量を最大にする．それは，禁漁でも乱獲でもなく，資源量を環境収容力の半分程度に減らしたときに実現する．このときの漁獲量が最大持続漁獲量（MSY）である．図 1.4 と図 4.1 はよく似た図だが，横軸も縦軸もちがうことに注意してほしい．図 4.1 では，環境収容力は縦軸上に示されている．

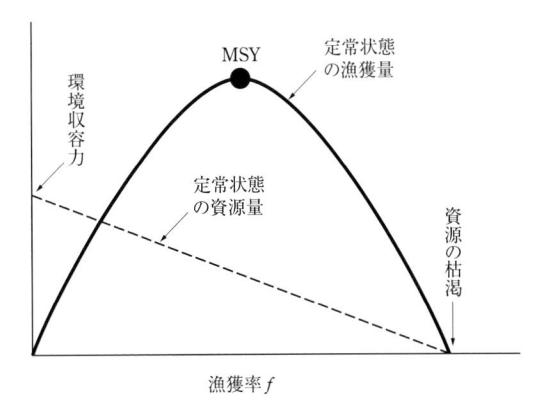

図 4.1 水産資源の漁獲率と定常状態での資源量と漁獲量の関係.

前述のように，上記の数理モデルは単純化しすぎている．現実の漁業では，環境収容力やMSYの値，現在の資源量の正確な値を知っているわけではなく，しかも環境条件により変化する．これらの不確実性や非定常性を考慮したとき，MSYは必ずしも漁獲可能量を定める有効な概念とはいえない（Matsuda, 2008）．

（3）被食者・捕食者系のMSY

種間相互作用を考慮すると，MSY理論はさらに大きな修正が必要になる．ごく単純に，たとえばイワシとマグロのように，被食者と捕食者がいると考えるだけで，この概念は大きく変わる．簡単かつ具体的な例として，ほかの生物のことは忘れて，被食者であるイワシとそれを食べる捕食者であるマグロに絞って考えよう．N_1とN_2をそれぞれイワシとマグロの資源量，f_1とf_2をそれぞれイワシとマグロに対する漁獲率とすると，イワシの資源量N_1はイワシに対する漁獲率f_1だけでなく，マグロがどれだけいるか，したがってマグロに対する漁獲率f_2にも依存するだろう．

これでも，現実世界に比べればきわめて単純化しているが，それでも，単一魚種のMSY理論とは大きく異なる．意外なことかもしれないが，イワシの定常資源量は，イワシ自身を獲って減るとは限らない．マグロと漁業は，

イワシをめぐって競合関係にあり，イワシを獲って減るのはイワシ自身ではなく，マグロということもありうる．図4.2は，簡単な数理モデルを用いて，イワシを獲る場合と獲らない場合の定常状態の移動を示している．イワシを獲りすぎてマグロが絶滅すれば，その後さらにイワシを獲ると，イワシは減る．

漁獲率を横軸にとると，図4.3のようになる．図4.2で説明したとおり，被食者の定常資源量は，捕食者がいる限り，被食者への漁獲率にほとんどよ

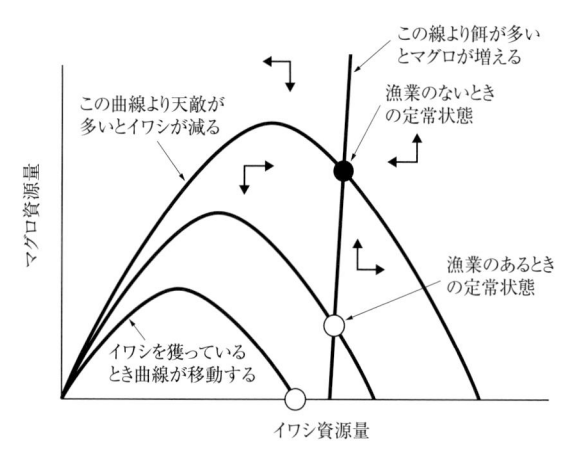

図4.2 イワシ（被食者）とマグロ（捕食者）の定常状態とイワシ漁業の関係の概念図．

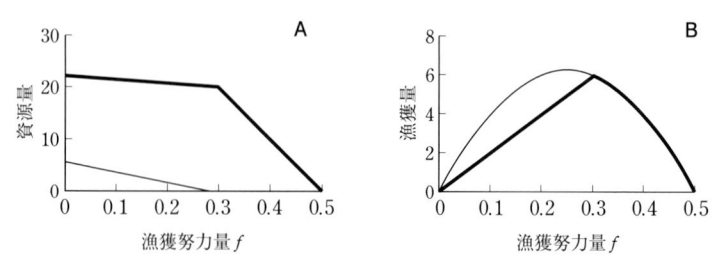

図4.3 被食者に対する漁獲率と定常状態での資源量（A：太線が被食者，細線が捕食者）および被食者漁獲量（B：太線は捕食者がいるとき，細線はいないとき）の関係．

らない（図 4.3A の太線）．その代わり，被食者に対する漁獲努力を増やすと被食者が減る代わりに捕食者が減っている（図 4.3A の細線）．漁獲努力を増やしても被食者は減らないから，いくらでも獲り続けることができるように見える．さらに漁獲努力を増やすとやがて捕食者が絶滅し，その後，初めて被食者が減り始める．したがって，被食者に対する MSY は，捕食者が絶滅した後で実現する（図 4.3B の細線）．しかし，捕食者が絶滅してしまうのだから，持続可能な漁業とはいえないだろう．この例は捕食者を漁獲していても同じ結果が得られる．

必ずこうなるということではない．現実はもっとずっと複雑であり，いろいろな場合があるだろう．しかし，図 4.2 の例は，漁獲対象とする魚の資源量を見ているだけでは不十分であることを示唆している．

（4）非定常状態での平均資源量

この推論には 1 つ反論が成り立つ．上記は定常状態を仮定していたが，生態系が非定常であることも忘れてはいけないはずである．じつは，図 4.2 の数理モデルでは，捕食者が増えるか減るかの境界である餌量（縦の線）が曲線の左側にあるときには，定常状態が不安定になり，イワシとマグロの資源量は共存しながら周期的に振動し続ける．そのときの被食者の定常資源量は同じだが，平均資源量は漁獲率を増やすと減る（図 4.4）．しかし，非定常状態の平均資源量に応じて漁獲圧を加減するのはむずかしく，また捕食者が絶滅したときのほうが被食者が増えるため，捕食者を絶滅させないためには，被食者がたくさんいるから漁獲努力を増やしてもよいとはいえない．

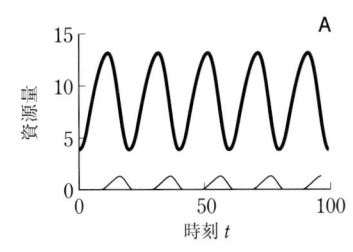

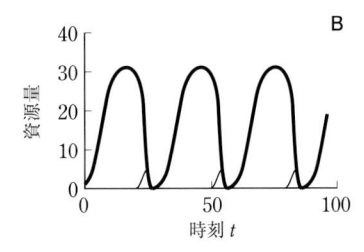

図 4.4 資源が変動するときの被食者（太線）と捕食者（細線）の資源量．被食者への漁獲努力が大きい場合（A），と小さい場合（B）．

ほかの数理モデルを考えても，ある魚種の資源量は，その魚種に対する漁獲努力量だけでなく，その魚種と相互作用するほかの生物の資源量に依存するだろう．そして，ほかの生物も利用している場合，ある魚種に対するMSYは，その魚種と相互作用している生物に対する漁獲圧などによって変わるだろう．つまり，MSYはその魚種の状態だけでは決めることができない．

定常状態において総漁獲高Yを最大にする各魚種に対する漁獲努力量は，数学的に定義することができる．ところが，図4.3と同じ数理モデルで被食者も捕食者も漁獲する場合，定常状態において，総漁獲高Yを最大にする漁獲率は，どちらか一方がゼロになることが数学的に知られている（May et $al.$, 1979；クラーク，1988：図4.5）．図4.5の白丸は両方獲っているように

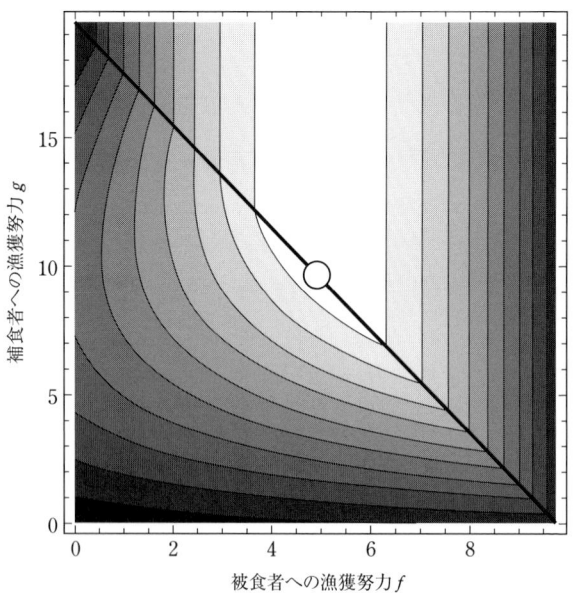

図4.5 図4.3と同じ数理モデルによる，被食者と捕食者を利用する場合の定常状態での総漁獲高Yの等高線図．色の薄いところがYが高い．白丸が最大値．斜めの直線より上側では捕食者が絶滅している．

見えるが，すでに捕食者は漁獲により絶滅しているので，被食者だけを獲っている．これは被食者の魚価がそれなりに高く，大量に獲れるときに生じる．係数の値を変えると，$f_1 = 0$ の縦軸の中間あたりに最大値が現れる．これは被食者を利用せず，捕食者だけを持続可能に利用する解であり，被食者の魚価が低すぎるときに生じる．要するに，捕食者を獲り尽くしたうえで被食者だけを持続的に獲り続けるか，被食者を獲らずに捕食者だけを持続的に獲り続けるか，どちらかになってしまう．

1995年に日本政府が主催し，国連食糧農業機構（FAO）が協賛した京都会議（食料安全保障のための漁業の持続的貢献に関する京都宣言及び行動計画）の第14条では，適当な場合には，食物連鎖のなかの異なる段階の生物をどちらも漁獲することを奨励している．これは上記の数理モデルによる結論と矛盾している．これを「京都宣言の逆理」と呼ぶ．しかし，多様な栄養段階の魚種を同時に利用するほうがよい「適当な場合」とはどのような場合なのかは，必ずしも明らかではない．

（5）順応的管理も万能ではない

順応的管理とは，状態変化に応じて方策を変えるフィードバック制御と，管理を実施する際に仮定した前提を管理を実行しながら検証していく順応学習を2本の柱とする管理のことである（p.3，図1.2を参照）．そのうちのフィードバック制御については，たとえば，単一資源の場合には，資源が目標とする資源量より多いときにはたくさん獲り，少ないときには獲るのを控えるか，禁漁にすればよい．数学的には，目標とする資源量に実際の資源量を誘導することができる．目標資源量は，ゼロから環境収容力の間で自由に選ぶことができる．自然増加率や環境収容力などの値が不明でも，目標資源量を初期資源量以下に設定しておけば，資源の枯渇を避けて漁業を持続的に続けることができる．

ところが，被食者・捕食者系にフィードバック制御を適用しても，必ずしも単一魚種のときのようにうまくいくとは限らない．被食者と捕食者の資源変動は図4.4のとおりで，捕食者への漁獲はないものとし，被食者への漁獲努力はそのときの資源量に応じて加減するものとする．漁獲率を上げると被食者（太線）はあまり減らずに捕食者（細線）が減る．目標資源量は通常初

期資源量よりかなり下に設定する（図4.6では資源量18）ので，ABC決定規則（細線）の斜めの部分で太線と交わるときは捕食者が絶滅した後である．太線と細線の交点（丸印）は定常状態での被食者資源量と努力量を表す．

捕食者がいないときの被食者の定常資源量と漁獲率がゼロのときの資源量の間（図4.2の縦の線がX軸と交わる点と黒丸の間）に目標資源量を置かないと，漁業と捕食者は共存できない．それより低い目標を立てると，漁獲率を増やしても被食者資源量は減らないから，さらに漁獲率を増やすことになる．その結果，捕食者は減り続け，やがて絶滅する．漁獲がないときの資源量より高い目標資源量を設定すると，いくら努力を減らしても資源が増えないから，やがて禁漁を招く．つまり，漁獲率を加減しても，漁獲対象である被食者の定常資源量はわずかしか変動せず，捕食者資源量が増減するから，資源量によって漁獲努力量を調節しても，管理はうまくいかない．

利用する水産資源に天敵がいない場合には，図4.6Aに示すように，資源がゼロになる前に漁獲率をゼロにする限り，ABC決定規則が定める漁獲率（細線）が必ず定常状態の漁獲率（太線）と交わるので，被食者が絶滅することはない．しかし，捕食者・被食者系においては図4.6Bに示すように，

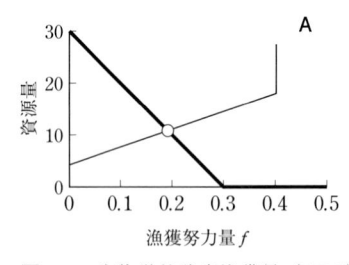

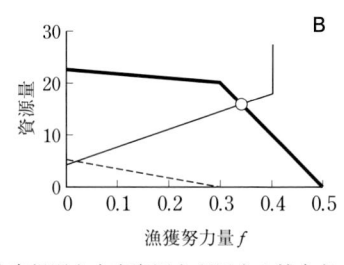

図4.6 生物学的許容漁獲量（ABC）決定規則を水産資源を利用する捕食者がいない場合といる場合に適用した場合の概念図．捕食者がいないときには被食者資源量（太線）は漁獲率とともに減り，たとえ資源が多いときの漁獲率が過剰でもABC決定規則（細線）は必ず太線と交わり，資源が枯渇することはない（A）．Bと同じく捕食者・被食者系では，漁獲率を上げると被食者（太線）はあまり減らずに捕食者（点線）が減る．目標資源量は通常初期資源量よりかなり下に設定する（図では資源量18）ので，ABC決定規則（細線）の斜めの部分で太線と交わるときは捕食者が絶滅した後である．太線と細線の交点（丸印）は定常状態での被食者資源量と努力量を表す．

被食者は絶滅しないが，資源が多いときの漁獲率が大きければ，捕食者が絶滅してしまう．漁獲率が小さければうまくいくが，これはフィードバック制御をしなくても同じことである．つまり，目標資源量を下回ったときに努力量を下げたために捕食者の絶滅が回避されるというフィードバック制御の補償措置は機能しない．

対象資源ではなく，捕食者の資源量に応じて被食者への漁獲率を加減するようなフィードバック制御ならうまくいくかもしれない．しかし，これはいわば答えを知っていたらうまくいくというに等しく，資源変動機構がわからなくても管理できるという，本来の順応的管理の趣旨にはそぐわない．

このように，順応的管理といえども万能ではない．けれども，ある程度生態系の知見を得てから管理方策を練るのは当然のことであり，順応的管理はつねに監視と検証と見直しを担保として成り立つものである．

（6）生態系の順応的な管理に向けて

日本は漁獲可能量（TAC；Total Allowable Catch）制度を1997年に導入したが，1998年までは科学者が定めた生物学的許容漁獲量（ABC）を公表していなかった．私は，せっかくの資源研究者の熱意が政策に反映されない状況が続いていると批判した（松田, 1999）．その後は，ABCの決定規則や各魚種のABC自身を決める際に外部評価を行う制度も定着し，ホームページ上で各魚種の資源評価を公開するなど，他省庁に劣らぬ政策決定の透明性が確保されている．その結果，2003年度のTACについては，マイワシを除き研究者が勧告するABCと中央漁業審議会が決めるTACの値の乖離が目に見えて減ってきた．これにより，「実践に役立つ答えを出してこそ，研究も鍛えられ」，「体面だけの管理計画や研究支援ではなく，実践で鍛えられる研究と行政の結びつきが問われる」状況が整いつつある．

近年，クジラが魚をたくさん食べていると指摘されている．ヒゲクジラはおもにオキアミを食べるが，魚も食べる．マッコウクジラやイルカのようなハクジラはイカや魚を食べる．それらの総量は，人間の漁獲量の数倍以上におよぶと見積もられている．

クジラはすべてワシントン条約（CITES）附属書I（商業取引禁止）に載っている．しかし，IUCNの絶滅危惧種のリストには，クロミンククジラ

（南半球のミンククジラ，北半球のミンククジラとは別種扱いになった）など日本が商業捕鯨の再開を主張している鯨種は準絶滅危惧種にさえ載っていない．グリーンピースジャパンは全鯨類が（準）絶滅危惧種と説明しているが，これは IUCN の絶滅危惧種分類での Lower Risk と Near Thretened をとりちがえた誤解もしくは誤訳である．CITES が一括掲載しているのは，鯨肉にした場合に種の判別がむずかしいことを理由にしている．それは昔の話であって，現在では DNA 鑑定などの技術が飛躍的に進歩している．

　持続可能な漁業をめぐる現代の趨勢には 2 つの要素がある．1 つはあらゆるリスクを避けるという過剰な予防原則と「為すことによって学ぶ」という順応的管理の考え方をめぐる葛藤である．後者は水産学だけでなく，陸上の生態系管理においても基本的な概念として認められ，捕鯨の改訂管理方式（RMP）はその先駆例として認められつつある．まだ捕鯨や持続可能な資源利用に対する反対の声も根強いが，予防原則と順応的管理の概念が整理されていくことだろう．

　国際捕鯨委員会（IWC）の科学委員会で合意した改訂管理方式は，順応的管理の先駆例であった．順応的管理は，今では生態系管理における基本理念として国際的に認められ，環境団体もこの考え方を推奨している．にもかかわらず，不確実性を口実に RMP はいまだに実現していない．この特異な状況は，WWF ジャパンが 2002 年 4 月に管理捕鯨の可能性を認める声明を出すなど，少しずつではあるが，変わりつつある．

　もう 1 つは，単一資源管理でなく，種間相互作用を考慮した生態系管理が広く認められることだろう．その結果，絶滅を避ける程度に資源を減らすという指針が見直され，より高い資源水準を維持しつつ，対象資源だけでなく，生態系全般を注意深く監視しながら，慎重に利用する方針が推奨されるようになるだろう．これは必ずしも全面禁漁を意味するものではない．むしろ，さまざまな栄養段階の資源を注意深く利用しつつ，情報を集め，臨機応変に対応する方策が推奨されるようになるかもしれない．

　ここでも，IWC は先進的な役割を果たしつつある．日本の調査捕鯨では，鯨類の生態系管理に向けた調査を始めている．その結果，鯨類の利用する餌資源を把握し，生態系全体の保全を目指している．

　生態系管理（ecosystem management）と生態系にもとづく漁業管理

(ecosystem-based fisheries management）は厳密には別の概念であり，水産学では後者が推奨される．前者は生態系機能の保全などを管理目的とするのに対し，後者は生態系の効果を配慮しつつ漁業管理を行うものである．他方，保全生態学においても人間の持続可能な関与を重視するようになっており，海域の生態系管理に漁業を考慮するようになってきた．したがって，今後は海域でも後者，すなわち漁業を含めた生態系管理の視点が重視されるようになるだろう．

4.2 ゲーム理論と資源管理

（1）漁獲可能量制度導入時の問題点

　国連海洋法条約，海洋生物の保存及び管理に関する法律に基づく排他的経済水域（EEZ），漁獲可能量（TAC）制度が1996年に日本で施行されてから16年がたった．その間，TAC制度と資源管理にかかわる業界，行政，学界の情勢は大きく変わった．業界と行政ではTAC制度が定着し，以前は非公開だった生物学的許容漁獲量（ABC）が公表されるようになった．ABCは資源生物学的観点から持続可能な許容漁獲量を科学的に求めたものであり，TACはこのABCを受けて，社会経済的要因を考慮して決めることとなっている．それにともない，ABCとTACの値がかなり近づいてきたといわれる．

　漁獲量の総量規制を骨子とするTAC制度が，最善の資源管理方策であるとは限らない．国連海洋法条約の発効という国際情勢がなければ，このような管理制度が実現していたかどうかもわからない．けれども，TAC制度の導入により，水産資源管理が業界と行政と学界を巻き込んで，大きな歴史的一歩を踏み出したことはたしかである．この取り組みを評価し，建設的な提案を行うことが，資源の持続的利用という，人類が何度も失敗してきた壮大な使命に1つの回答を与える最善の道と考える．

　ABC決定規則の1つの特徴は，資源評価を継続的に行い，その結果にもとづいてTACを決めるフィードバック制度にある．これは近年，環境行政，野生生物管理，生態系管理などで定着しつつある順応的管理（adaptive management）の理念と共通している（松田，2000）．順応的管理は，「21世紀『環の国』づくり会議」報告書（http://www.kantei.go.jp/jp/singi/wanokuni/010710/report.html）にも国策として盛り込まれるに至った．また，合意形成を図るために ABC を公表し，意見照会制度や外部評価を積極的に行うことも，情報公開法の施行といったほかの行政における住民参加の情勢と連動している．ABC 規則と各魚種の ABC の公表は，TAC と ABC の乖離を防ぐうえで大きな効果があったと思われる．ABC 公表を実現された関係者の方々に敬意を表する．資源管理談話会で ABC に関する率直な科学的議論が行われ，水産総合研究センターが主催する「資源評価に係わる外部有識者会議」においてその議論を紹介するという事態も，これらの情勢変化に連動しているかもしれない．

（2）生物学的許容漁獲量（ABC）決定規則の問題点

資源評価できない魚種にあまい

しかし，現行の ABC 決定規則（http://abchan.job.affrc.go.jp/digests14/kijyun14.html）にはいくつかの問題があると考える．

平成 14 年度版の ABC 決定規則は，大きく 2 つの場合に分けられる．1 つは資源量 B，漁獲係数 F などの資源状態が比較的よくわかっている資源（個体群または系群），もう 1 つはこれらの情報が利用できない資源であり，それぞれ規則 1 と 2 という．前者については，水産総合研究センターの資源評価に関するウェブサイト（http://abchan.job.affrc.go.jp/）に記されたような規則にしたがって ABC が決められる．後者については，資源状態が高位安定の場合は現状維持，低位減少の場合は過去 3 年の平均漁獲量より低い（たとえば 2 割減）漁獲量を ABC とする．規則 1 と 2 の間に整合性がない．ほんとうに重要なのは，資源状態が不明だが，資源減少の兆しがある資源に対して，有効な管理を行うことである．健全な資源に対して，漁業を自粛する必要はない．

健全な資源に予防措置をかける必要はない

重要なことは，順調な漁業に対して不必要な規制を加えないことと，資源が減り続けている資源に対して有効な歯止めをかけることである．現在の

ABC決定規則は，資源状態が不明の魚種よりも，資源評価が十全の魚種のほうが規制が厳しい傾向にある．これでは，漁業者の率直な感情として，資源評価を忌避するようになるだろう．本来は，資源評価が不完全な魚種ほど，厳しい，予防的なABCを設定すべきである．

図1.8（p.16）に，現行のABC決定規則に対する修正案を示した．すなわち，これ以上減ったら禁漁にするという資源量（B_{ban}）を設定したこと，資源量の基準をMSYが達成されるときの資源量（B_{MSY}）ではなく，基準年の資源量（$B_{initial}$）としたこと，漁獲圧を減らす基準をMSY水準から自然変動の幅を考慮して少し低い値である$(1-M) \times B_{MSY}$などとせずに，現状（$B_{initial}$）を基準に決めるとしたこと，乱獲の定義をB_{ban}以下になったときに限定し，B_{ban}以上でB_{limit}（$B_{initial}/B_{limit}$の比をbとする）以下の資源状態を要回復資源と定義したこと，漁獲率の基準をF_{MSY}ではなく，これも現状の漁獲率$F_{current}$としたこと，現状がすでに不適切とみなされるときは目標とする漁獲率F_{target}を$(1-a) F_{current}$とすること，現状より十分高い資源量ではABCを「青天井」（事実上，規制しない）としたことが，現行の規則との相違点である．

資源崩壊の歯止めがない

まず，B_{ban}を設定すべきである（p.41，図2.7を参照）．現行制度では，いくら減っても漁業ができるように規則が定められているかに見える．禁漁とは厳格で明確な基準の合意なしには実行できないものであり，規則として予め明記すべきである．これは，禁漁を実施するために必要なだけでなく，持続可能な漁業が破綻するエンドポイントを資源崩壊より手前に設け，資源管理の必要性と逼迫性を付与する点で，きわめて重要なことである．

現行規則では，資源が健全な状態で，予防的に漁獲率を控えめに設定する（$F_{target} < F_{limit}$）ことが奨励されている．これは予防措置（precautionary approach）にもとづく政策と考えられる．予防措置とは，不確実性を考慮して慎重に対処することであり，以下に述べる予防原則を超えて広く適用される．予防原則の定義は多々あるが，その1つは，1992年のリオ宣言第15原則に記されたもので，地球環境に対して深刻または不可逆的な影響を与えるおそれがあるとき，科学的に不確実な事態に対処する必要があるという国際

的な合意である．健全な状態での漁獲率を控えめに設定する根拠（予防措置）は，この予防原則とはちがう．乱獲（ここでは，図2.7において禁漁措置をとる，つまり資源量が B_{ban} 以下と推定される状態を指すものとする）による資源の減少は不可逆的な影響とはいえない．そもそも，最大持続漁獲量を達成する漁獲係数 F_{MSY} より控えめに獲る予防措置は，乱獲を回避するための措置とはいえない．

現状の漁獲量，漁獲率を基準にとるべきである

後に述べるように，MSYという概念には不確実性，非定常性，複雑性という大きな限界がある．定義自身が困難であり，十分に推定できる量ではない．このようなMSYを基準にとるのではなく，資源状態も漁獲率も現状を基準にとるべきである．この場合，どちらも絶対値は必要ない．相対値さえわかれば管理は可能である．2000年には多くの魚種で資源評価が行われているので，これを基準にとるのがわかりやすい．ただし，図2.7の B_{limit} は現在の資源量 $B_{current}$ より小さい必要はない．2000年の現状がすでに乱獲と見なされるときには，資源量は現在すでに B_{limit} 以下と見なしてもよい．現状の漁獲率で資源が減り続けると判断されるときは F_{target} を F_{limit} より小さくすべきだが，まだかなり資源に余裕があると見なされるときには，F_{target} を F_{limit} より大きくしてもよいだろう．F_{target} を点線としたのはそのためである．ただし，これらの値を今後理由なく変えるべきではないし，F_{target} を F_{limit} より大きくする際には，十分な科学的根拠が必要である．

TAC対象魚種を増やすべきである

国連海洋法条約と水産資源保護法にもとづくTAC対象魚種は，日本では7魚種に限られている．図2.7で示した相対的資源評価にもとづくABC決定規則，後述の図4.7で示す漁獲量のみのABC（TAC）決定規則は，より多くの魚種に適用すべきものである．MSY水準，資源量 $B(t)$ の絶対値，漁獲率 $F(t)$ の絶対値が推定できない魚種や系群に対しても，有効な資源管理規則を定めるべきである．

資源評価のフィードバックが不十分である

現行の ABC 決定規則では，図 2.7 と異なり，現行の規則で乱獲（overfished）と定義した状態（B_{limit} 未満；詳細は http://abchan.job.affrc.go.jp/digests14/kijyun14.html）になって初めて漁獲率を下げることになっている．これでは，あくまで F_{MSY} または F_{target} での漁獲率一定方策にもとづいて管理することになる．これらの漁獲率が正しく推定されるか，不確実性を考慮した F_{target} が資源の減少を防ぐことができればよいが，F_{target} がなお過大推定だった場合，乱獲（B_{ban} 以下）と規定する前に，より柔軟に漁獲率を調節しなければ，資源崩壊を防ぐことはできない．TAC 自身は毎年見直しているが，漁獲率一定を基本とする限り，資源自身の再生産率の上昇以外に，資源崩壊を防ぐ要素はない．まして，漁獲率 F の基準値が推定できない魚種については，資源の減少とともに F が増えてしまうおそれがある．不確実性を考慮すれば，この対策は不十分である．フィードバック管理には，以下の 2 つの条件が必要である．すなわち，乱獲（B_{ban} 以下）という事態になる前に漁獲率を調節すること，資源水準が一定基準以下になったら禁漁など確実に資源を増やす措置をとることを明記するべきである．

反証可能な管理計画とはいえない

前項と関係するが，どういう事態になったら管理が失敗したかが明らかではない．いかなる定義を用いるにせよ，乱獲状態に陥ったら失敗と考えるべきだが，そうだとすれば，失敗するまで漁獲率一定方策を続けるため，失敗を回避する手段がないことになる．B_{limit} が失敗の指標でないとすれば，現行規則には失敗の指標が明らかではない．F を下げる措置を早めに設定し，それとは別に B_{ban} を定めるべきである．

現在の資源状態と管理計画の関係が不明確である

現行の ABC 決定規則では，資源状態と MSY 水準の比 $B(t)/B_{MSY}$ に応じて漁獲率を調節することになっている．ところが，実際の資源評価表には，現在の $B(t)/B_{MSY}$ の推定値がどこにも書かれていない．たんに上位，中位，下位の分類分けと，最近の増減傾向が記されているだけである．また，上中下の定義と判定基準が不明確である．

多魚種管理を目指すべきである

現在の ABC 決定規則には，それぞれの資源を独立にとらえ，諸資源が海洋生態系において関連しあって存在するという視点がない．下記に説明するように，これは MSY 理論自身が持つ限界であり，時代遅れになりつつある．ここで述べた提案も，種間相互作用（複雑さ）を十分考慮しているとはいえない．数年後をめどに，これを考慮した ABC 決定規則の導入を準備すべきである．

（3）最大持続漁獲量（MSY）への鎮魂歌

野生生物資源の管理には，（資源評価の）不確実性，（自然状態における資源の）非定常性，（生態系全体の相互作用による）複雑性の三者を考慮する必要がある．古典的な最大持続漁獲量（MSY）の理論は，正確な資源評価の下に，定常状態を想定した単一資源利用の理論であり，これら三者を1つも満たしていない．

F_{MSY} を過大評価していると乱獲になることがある．漁獲率一定方策で F_{MSY} より低い漁獲率 F_{target} が推奨されるのはそのためである．しかし，いくら控えめな漁獲率を設定しても，なお過大評価をして資源が崩壊するリスクはゼロではない．崩壊を防ぐには，やはり一定限度を超えて減った資源に対しては，厳しく漁獲率を減らす措置が必要である．そして，図 2.7（p.41）に示したとおり，B_{ban} が設定されていれば，F_{MSY} の推定は，資源崩壊のリスクを減らすためには不要である．資源を MSY 水準近くで有効に利用するためには必要な概念だが，現在の ABC 決定規則は予防措置によって低めの漁獲率を設定するから，十分有効に利用することを自ら放棄している．

そもそも，一定の漁獲率で獲り続けていても，資源は定常状態に達せず，つねに変動し続けている．小型浮魚類などでは，気候変動（レジームシフト）などにより環境収容力（carrying capacity）自体が時代とともに変わっているとも考えられる．その場合，MSY 水準そのものが一義的に定義できないことになる．さらに，種間相互作用や生活史（成熟齢など）の変化を考慮した場合，マイワシの MSY 水準はマイワシを利用するマグロなどの資源量に左右されるかもしれない．

曲がりなりにも F_{MSY} が推定できている魚種については，まだよい．それ

が推定できない魚種は，結果的に有効な管理ができない状況に置かれてしまうおそれがある．ABC 決定規則に必要なことは，情報の少ない魚種を有効に管理する規則であり，MSY 水準が推定できる魚種をモデルケースに置くことは得策ではない．

（4） 情報の少ない魚種の ABC 決定規則

まず，情報の少ない魚種の ABC 決定規則を真剣に検討すべきである．そのうえで，むしろよく調べられている魚種については，資源評価と漁業を続けながら持続的な利用が可能になる措置を施すべきである．繰り返すが，よくわからない資源のほうがたくさん獲ることができるなら，資源研究は漁業者に疎まれることになるだろう．

たとえ漁獲量だけでも，たとえば以下のような規則（図 4.7）をつくれば，それなりに管理することが可能である．これはあくまでも素案であり，ABC というよりは TAC を直接定める規則であり，さまざまな魚種に具体的に適用して吟味していないことをお断りしておく．

基本的な考え方は，漁獲量の現状を維持できない資源は漁業を控えるということである．資源量と漁獲量は必ずしも比例関係にはないが，減り続けている資源の漁獲量をいつまでも維持し続けることはできないだろう．

過去の漁獲量 $C(t)$ の変動幅から漁獲量の許容範囲の下限 C_{limit} を定める．すでに許容限界以下に資源が減っている場合には，C_{limit} を過去の漁獲量よりも高く設定することもありうる．

さらに，漁業が成り立つ最低限の漁獲量 C_{ban} を定める（$C_{ban} < C_{limit}$）．その値は漁業者を含めた資源評価会議の合意により定めるが，合意できないときは C_{limit} の半分とする．

TAC は原則として過去数年間の漁獲量の平均値とする．しかし，達成された漁獲量がたとえば 2 年連続して C_{limit} を下回ったら，要回復資源と見なし，回復計画を作成し，それにもとづいて漁獲可能量を定める．この計画中は，漁獲量が管理されているため，漁獲量は資源量の指標ではない．

3 年後に TAC の自粛を解除し，C_{limit} 以上の漁獲量が達成できれば，要回復資源の指定を解除する．もし C_{limit} 以上の漁獲量が達成できない場合，漁獲可能量を C_{ban} とする 5 年間の緊急回復措置を実施する．5 年後に TAC の

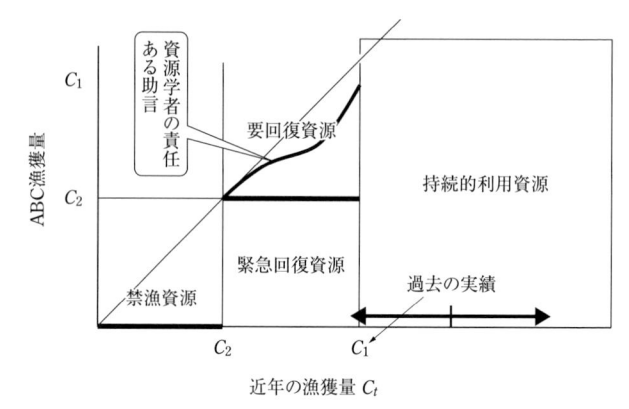

第 4 章　海の理論生態学——最大持続漁獲量（MSY）の理念

図 4.7　漁獲量だけで定める ABC 決定規則案の模式図．要回復資源から 3 年を経て漁獲量が回復しない場合，緊急回復資源と判定される．

自粛を解除し，C_{limit} 以上の漁獲量が達成できれば，緊急回復措置を解除する．TAC を C_{limit} 以上に設定しているにもかかわらず漁獲量が図 4.7 の C_2 以下になった場合，少なくとも 5 年間の禁漁措置とする．禁漁措置の解除は，5 年ごとに資源評価会議が資源状態を見て判断する．その他，資源評価において ABC の自粛や禁漁措置が科学的に必要と認められる場合には，さらに厳しい措置をとる．

なお，相対的な資源状態に関するなんらかの客観的な指数（CPUE，あるいは後述の成魚漁獲量など）が得られる場合は，上記の漁獲量の代わりに，資源量指数を要回復資源，緊急回復措置，禁漁措置の判定に用いることができる．その場合，$C(t)/C_{limit}$，C_{ban}/C_{limit} などの相対値を相対資源量指数で読み替える．

この規則は，TAC の自粛を解除しているときの漁獲量が資源状態を反映していることを仮定している．C_{ban} は漁業者との合意によって定めるが，緊急回復措置中の TAC が C_{ban} に制限されるため，C_2 を不当に低く設定することは漁業者も望まないだろう．C_{ban} を高く設定すると，禁漁措置を発動する可能性が高くなる．要回復資源と判定されたときに TAC を自粛する具体的方法は，漁業者側にかなりの自由度を認めるべきである．自粛が徹底しな

ければ，緊急回復措置を発動することになる．それは漁業者も望まないだろう．漁業者が資源研究者に助言を求める機会が増えると期待される．

ABC 決定規則の存在意義は，資源崩壊を防ぐことと，禁漁に至る前に資源の減少を未然に防ぐことにある．この規則案は大いに改善の余地があるだろうが，減少しつつある資源に対して，資源評価が不完全でも，乱獲に対する確実な歯止めをかけることができる．ただし，禁漁に至る前に資源の減少を防ぐためには，より精密な資源評価が必要である．

（5）体長組成と投棄魚問題

資源評価は，定量的な手法だけでなく，定性的な手法も活用すべきである．漁獲物の体長組成が小型化することは，乱獲と資源減少の兆しと見られる．

TAC 制度は，総量をもとに管理するものである．しかし，資源への影響は，漁獲量が同じでも，漁獲物の年齢組成や体長組成によって異なる．産卵期と非産卵期でも影響は異なり，ひいては漁法や漁業によって異なる（Matsuda et al., 1996）．一般に，小型魚を獲るほうが，大型魚を獲るよりも単位漁獲量あたりの資源への影響が大きい．その影響は，単位体重あたり繁殖価という概念で評価することができる（Matsuda et al., 1996）．TAC 制度にも，銘柄別（体長組成別）TAC，漁法別 TAC をきめ細かく定めることを検討すべきである．

TAC は水揚げ量に対して設定されるため，投棄魚は考慮されない．しかし，資源への影響は，投棄魚も漁獲も同じことである．けれども，投棄魚の量はほとんどの場合，申告されない．漁具や漁法により，投棄魚が多いと推定されることがある．それを一律に TAC で管理していては，正直者が損をすることになりかねない．たとえば，投棄しやすい漁具を搭載している漁船の漁獲量は，TAC 枠算定の際に割増して考えるような工夫が望ましい．

（6）順応的管理（フィードバック管理）の奨励を

いずれにしても，資源評価を続け，最新の資源状態に即して漁獲率を調節する順応的管理は重要である．現在の TAC 制度は漁獲率一定方策を前提にしているが，今後は資源評価にもとづいて漁獲率を柔軟に変える順応的管理を実行する必要がある．

4.3 ゲーム理論と環境倫理

(1) 学説の寿命

人間に寿命があるように，著作物にも，科学的業績にも寿命がある．歴史上もっとも古い著作物で，今でも広く読み継がれているものは，旧約聖書と論語だろう．けれども，これらが人類の滅亡まで広く読み継がれるかは定かではない．今，多くの季語が俳句の世界でほとんど使われなくなっているという．このような「絶滅危惧季語」があるのは，人々の周囲に長らくあった自然の風物詩が，最近急速に失われているからだといわれる．

アルキメデスの浮力の原理，ピタゴラスの定理は，おそらく，人類の滅亡までそれぞれ理科と数学の教科書に載っていることだろう．それ以外にも，人類の滅亡まで残ると思われる科学的真理はたくさんある．その多くは，その発見者は発見した瞬間に，人類の滅亡まで残る普遍的真理であることを確信したかもしれない．

現在の計算機の基本設計を考えたジョン・フォン＝ノイマンは，本節で紹介するゲームの理論の創始者の一人であり，原爆製造のマンハッタン計画にもかかわったといわれる．

彼の業績のなかで，現在もっとも重宝されているのは，計算機の基本設計である．けれども，このアイデアが人類の滅亡まで残るかどうかは疑わしい．まったく別のかたちの「計算機」あるいは「人工知能」に変わるかもしれない．それに比べて，ゲーム理論は，人類の滅亡まで残ると思う．

ゲーム理論によれば，ある人の利益は，その人のふるまいだけでなく，つきあう相手のふるまいにも左右される．彼らはそれぞれの自分の利益を追い求める．その結果，協力して双方得になる場合もあれば，抜け駆けして相手を大損させることもある．社会全体の利益の最大化ではなく，それぞれの利益を追い求める理論が，ゲーム理論である（たとえば，アクセルロッド，1987）．先に紹介した「囚人のジレンマゲーム」は，さまざまな問題に応用され，よく知られている．

（2）最後通牒ゲーム

最近，以下のような「最後通牒ゲーム」を用いて，人間の協調性の生物学的起源についてさかんに研究されるようになった．「最後通牒ゲーム」とは，2人の競技者が一定の金額を分配するゲームである（ノワックほか，2002）．

だれかが2人の競技者に対して，合わせて1万円を寄付すると申し出てきたとしよう．ただし，2人の競技者は，この1万円をどのように分配するかを決めなくてはならない．2人の競技者は他人どうしで，しかも相談することができないとする．くじを引いて2人のうちのどちらかが，どのように金額を分配するかを提案する提案者になり，他方は回答者になる．提案者は自分と回答者のそれぞれの取り分について，1回だけ回答者に提案する．回答者はその提案を受け入れていわれたままの金を受け取るか，提案を拒んで自分も相手も一銭の金も受け取れない状態に追い込むことができる．この回答も1回きりで，提案者に分配金の再考を促すことはできない．提案者と回答者は，この規則および分配される金額の総額が1万円であることを知っている．さて，あなたが提案者なら1万円をどのように分配することを提案するだろうか．あなたが回答者なら，どこまで不平等な提案なら受け入れるだろうか．

おそらく，提案者が5000円ずつの山分けを提案すれば，回答者はすんなりその提案を受け入れるだろう．提案者が自分の取り分を回答者の取り分より少なく提案することはあまりないだろう．しかし，たとえば6000円対4000円と提案されたら，回答者はそれを受け入れるだろうか．9000円対1000円ならどうか．1000円でも受け取ることができるなら，拒否するよりましと考えるだろうか．1万円対0円でも受け入れる回答者がいるとすれば，よほどのお人よしなのだろう．提案者の立場なら，回答者に拒まれては水の泡になるから，あまり不公平な提案はしづらいだろう．

ゲーム理論の研究者たちは，このゲームをさまざまな民族，年齢，学歴の被験者たちに行っている．多くの場合，提案の3分の2は回答者の取り分が総額の40%から50%の間であった．しかし，なかには回答者の取り分が20%以下となるような提案を行った人もいた．はたして，そのような提案を受けた回答者の半分以上は，自分の取り分が20%より少なくなるような

提案を拒んだ.

ゲーム理論によれば，回答者にも取り分が残されている以上，提案を拒むのは回答者にとって損である．同じ相手と繰り返しゲームをするなら，提案者への今後の見せしめとして，拒むことに経済的な意味がある．しかし，他人と一度きりのゲームをするなら，自分が拒んで提案者が自分の業突張りを悔いたとしても，回答者の得にはならない．実際，ゲームの相手が人間ではなく，計算機を提案者とし，回答者にそのことを知らせておけば，回答者は不公平な提案でもすんなり受け入れたという.

しかし，人間どうしの場合には，このようなゲームで著しく不公平な提案は，多くの回答者が拒否している．現実の人間はかくも不合理なものである．ゲーム理論は損得勘定を正しく表していても，現実の人間のふるまいを予測することはできなかった.

長い間，理論経済学者たちは「経済人」（$Homo\ economicus$）と呼ばれる存在，すなわち，合理的な判断のもとで自己の利益を最大化することに執着する人間を想定してきた．これは現実の人間そのものではなく，人間の経済行動をわかりやすく理解するための架空の存在である．物理学の諸法則が，質量があって大きさのない「質点」という架空の概念で説明されるのと似たようなものだ．このような理論のなかの概念と，現実の存在を混同する科学者特有の症状を，「ピグマリオン症候群」ということがある（コールマン，1966）．科学の理論体系のなかでは，単純明快な概念を用いてその科学法則を論理的に導き，それが現実に起きている複雑な現象を説明できるかどうかを検証する．現実の人間は「経済人」そのものではないから，経済学的に「不合理な」行動をとることがあってもおかしくない.

それにしても，なぜゲーム理論の解と外れる行動をとるのだろうか．なにか理由があるはずだ．人間も生物の一種であり，先史時代から備えてきた本能や文化は，ダーウィンの進化論，すなわち遺伝子や文化伝播に作用する自然淘汰を通じた進化によって説明できるかもしれない.

進化論の「論」は，「説」と同じく theory の訳で，「学」に達していないという印象を与えるかもしれない．しかし，少なくとも 1980 年代以降は，自然淘汰説は生物学のなかで定着した.

正直にいえば，30 年前，私が大学院生時代の進化生態学は，すぐにスコ

ラ論議に陥るような危うさが残っていた．キリンの首はなぜ長く進化したかといった話題を，科学評論家だけでなく，当の進化生態学者までデータもなしにあれこれ議論したものである．最近では，そのようなことはほとんどなくなった．わからないことにまで口を出すことはなく，薬剤抵抗性の進化など，データにもとづいて自然淘汰を実証する研究がさかんである（メイナード＝スミス，1995）．その背景には，遺伝子配列の解明，遺伝子配列の個体変異の検出が容易になってきたことがある．自然淘汰理論は，子孫の残しやすさに繋がる生物の「機能」を説明する理論だが，やはり，遺伝子という「モノ」の証拠が見つかることは重要だった．

現在では，保全生物学がスコラ論議にとらわれる．外来種ブラックバスは駆逐すべきか，ではアメリカザリガニはどうかといった善悪や政策にかかわる議論がさかんである．まだ，生態学者がこのような環境政策の諸問題のどこにどのようにかかわるべきかという構えが整っていない．医学の世界ではどうだろうか．

（3）利益よりも公正さ

競技者の性別，年齢，学歴，計算能力を問わず，また1万円（100米ドル）という金額などの条件を変えても，ほとんどの回答者は不公平な提案を拒んだという．

このゲームを大学の講義で行うときは，たとえば表4.1のようにすればよいだろう．クラス全員に表4.1のような成績表を講師が各人への暗証番号を無作為に書き込んでから配る．その他，行うゲームの回数分×クラスの人数÷2だけ紙片を用意する．クラスの人数が奇数のときは講師または助手が競技に加わる．クラスの左半分の学生に提案者になってもらい，紙片に回数と分配額（下記の1回目の例では60：40）と暗証番号を書き込み，同時に成績表に提案した分配額を書き込む．

紙片を回収してよく切って右半分の学生に渡し，回答者としてやはり暗証番号とともに諾否をそれぞれ○と×で書き込んでもらう．同時に回答者には成績表に提案された分配額と諾否を書き込み，否のときは提案額を取消線で消す．紙片は講師が回収し，結果を1枚ずつ「暗証番号011，マル」などと読み上げる（分配額は読み上げない）．提案者は自分の提案が受け入れられ

表 4.1 「最後通牒ゲーム」を講義中に行うとき用いる成績表の例.

暗証番号 011			
回	提案者	回答者	
1	**60**	40	○
2	70	**30**	×
3	**60**	40	○
4	60	**40**	○
A 氏（太字）の合計			160

たら○（マル），拒否されたら×（バツ）を書き，否のときは提案額を取消線で消す．

2回目は右半分の学生に紙片を渡して提案者になってもらい，同じことを繰り返す．これをたとえば4回行い，自分の獲得点数の合計を書き込む．最後に成績表を回収する．実際にお金は出ないが，たとえば最高得点者に適宜賞品を用意する．

先進国の人だけでなく，今も残る部族社会の人に実験した際には，部族によって多少傾向が異なった．アマゾン河流域に住むマチグエンガ族では提案者が相手に与える配分提案額は総額の26%にすぎず，反対にパプア・ニューギニアのアウ族の競技者の多くは，相手の取り分を自分の取り分より多くなるよう提案したという．しかも，アウ族の回答者たちは，自分の取り分が多くなりすぎる提案をも拒否したという．

いずれにしても，世界中のほとんどの人々は，自己の利益を最大にすることを犠牲にしても，見返りが公平になることを重んじるようである．

ゲームのやり方が不自然なのかもしれない．最後通牒ゲームには，実生活にはほとんどあてはまらない制約がある．すなわち，競技者どうしが協議することができないし，名前さえ知らないままに進められる．よく官民癒着が問題になるが，最後通牒ゲームの設定は，官僚が民間とまったくつきあわない状況に似ている．公式な手段以外で挨拶することや，懇親することも戒められる．

なぜこのような制約を課したかというと，私たちの意思決定における基本

原理を客観的に解明するには,「根回し」の余地が少ないほうがさまざまな民族間で同じ実験ができるからだろう.

（4）合理性と合目的性

進化生物学においては,しばしば「合理性」より「合目的性」を重視する.この場合,合理性とは論理的に一貫しているとか,科学的に妥当であるということだ.合目的性とは,進化の過程で広まりやすい性質,つまり結果として生き残りやすく,子孫を増やしやすい性質のことである.

たとえば,私は血液型占いを信じない.血液型が性格や運勢に影響することはありえないことではないが,生物学的根拠を知らない.証明されていないことは信じないというのが伝統的な科学者の良識である.このように,科学的真理に忠実にしたがうという態度を,本節では合理性ということにする.

しかし,たとえば男女の会話を弾ませるには,血液型や星座占いの知識は役立つだろう.信じた(ふりをする)ほうが得かもしれない.そうだとすれば,血液型占いを信じることは,不合理だが合目的的であるということになる.

クジャクの羽は「美しい」が大きく,生存には不利である.しかし,雌は美しい羽を持つ雄を選ぶ.自然淘汰説は,生存に有利な生き方が子孫を増やし,進化すると考えがちである.しかし,雄にとっては雌に選ばれて子を残さなければ子孫を残すことができない.なぜ雄自身の生存に不利な羽を持つ雄を雌が選ぶかはひとことでは説明できないが,現代の進化生態学の数学理論では,そのことが鮮やかに示されつつある (Iwasa and Pomiankowski, 1995). その本質をかいつまんでいうと,めだつ羽は雌を引き寄せる宣伝材料で,負担が重いほど効果があるという.

提案者と回答者がくじでなく,クイズの成績がよいほうを提案者にするようにした場合,提案者の平均提案額が減り,回答者は少ない提案額でも受け入れられやすくなったという.この場合は不平等がある程度正当化されたことになる.

提案額が提案者ではなくコンピュータによって決定される場合,回答者は非常に少ない提案額でも受け入れようとした.すなわち,私たちは純粋に自分の損得だけを斟酌するのではなく,相手の境遇を考える.私たちは損得よ

りも公平さを求めているのだ．これはゲーム理論の教科書どおりの解ではない．一部の専門家は，ゲームの参加者たちは交渉の機会が1回しかないことを把握できていないのではないかと思っている．けれども，競技者どうし匿名にしても結果は変わらない．

ある専門家は，私たちの感情的な性質は，匿名性を守ることがむずかしいような小集団のなかで何百万年も過ごすことで形成されてきたという．それゆえ，相手がだれかまったくわからないような状況で交渉することに，私たちの感情は慣れていないというのである．

(5) 科学における匿名性と公正さ

この議論がどの程度「実証」されているかは，正直いって疑わしい．しかし，非協力ゲームの非協力解という数学的理論と「最後通牒ゲーム」という実験結果のデータはある．決断前に提案者と回答者が協議したり，友人どうしで名乗り出て行えば，話はだいぶ変わるそうだから（ノワックほか，2002），進化的経緯はともかく，協議の機会を設けるかどうか，たがいに名乗り出て同じ相手と繰り返しゲームを行う機会があるかどうかは，私たちの意思決定に大きく影響し，匿名性と協議の欠如がゲーム理論から見て不合理な解をもたらすことは事実である．

学者もまた，匿名の相手との格闘を強いられる．学者は論文を書く際に，しばしば匿名の論文校閲者と議論をし，自分の論文の価値を認めてもらうのに悪戦苦闘する．自然科学系の多くの雑誌は評価される著者名は審査員にわかっているが，編集者が著者名を伏せて審査を依頼する学会もある．蓋を開ければ，評価する側とされる側が旧知の間柄であることもめずらしくない．相手がだれかを詮索しながら反論を試みる著者もいる．匿名にしないことを認める雑誌や学会もあるが，匿名かどうかで報告書の内容，それに対する著者の対応は大きく異なることだろう．つまり，上記のノワックら（2002）の解釈によれば，近代の科学者は先史時代以来ほとんど「慣れていない感情」をつねに味わいながら業績をあげなくてはいけない．

(6) インターネットの匿名性

このような公正さを支える，または強いられる最大の要因は周囲の評判か

もしれない．もしもある回答者が低い提案額でも受け入れることをみなに知られたら，みなが低い額を提案することだろう．逆に毅然として拒否することがうわさになれば，その回答者の隣人たちは公正な提案額を守ることだろう．1回きりもしくは匿名のつきあいでは，このような公正さは損である．

インターネット社会（中国風にいえば電網社会）では，しばしば匿名の相手とのつきあいでいさかいが起きる．これは，私たちが進化生物学的に獲得してきた社交術と，まったく異なる状況の社交だからかもしれない．

私のかつての上司だったある教授は，同じ建物のなかの人に内線電話で要件を伝えるのを失礼であると叱ったものだった．遠方ならいざ知らず，近くなら直接会って面会するべきだというのである．手紙はワープロでなく，肉筆がよい．

さまざまな社交術の指南書も，基本は昔ながらの面談や手紙の書き方が主である．私の知人の間でも，電子メールの書き方は電話の真似をする人と手紙の真似をする人がいる．つまり，先に名乗る人と最後に署名する人，必ず日付を入れる人がいる．

電網社会の社交術は，まだ発展途上にある．今まで思いもよらない誤解が生じることがあり，新たなかたちの犯罪が可能になる．新たな交流の場が得られる機会は膨大に広がった．電網社会は匿名性を奨励しているが，じつは，電話以上に発信者を特定しやすいはずである．場合によっては，記名式の電子投票も十分可能であり，技術的には，1億人の国家による直接民主制も夢ではなくなってきた（たしかに，匿名の電子投票は，二重投票を防ぐならば，複雑な手順が必要であり，むずかしいかもしれない）．現在の電網社会は，管理者が意図して発信者を秘匿するから匿名にできるのだ（それとて，最近はよく個人情報が流出し，じつは匿名性は保証されなくなってきている）．

自動車やバイクのナンバーは，運輸局に問い合わせれば，以前は所有者の名前を教えてくれたという．電話番号は，電話局に問い合わせても教えてはくれない．このような制度は，法律で決められている．電網社会も同じことだろう．ほんとうに匿名のほうがよいのか，だれがそう決めたのか，私たちは，望ましい電網社会のあり方について，もう一度考え直してもよいかもしれない．

4.4　数理モデルと生態学

（1）生物多様性条約について

　生物多様性条約などを通じて，利用する対象資源のことだけを考えていた資源管理から，その対象種が相互作用する多種や生息地の状態まで含めて保全する取り組みが推奨されるようになった．この生態系アプローチ（p.4，表1.1を参照）の考え方にもとづいて，生物多様性，生態系サービス，環境にやさしい漁業の理念を紹介する．

　まず，生物多様性について説明する．生物の多様性は，生物多様性条約によれば，3つのレベルの多様性によって成り立つとされている．

　そのなかで，もっともわかりやすいのは，種の多様性である．これは，たんに絶滅危惧種が大事といっているのではなくて，その場所にいる普通種も含めて守っていくということが大切である．つまり，ほかの場所にあればその場所から消えてもよいというものではない．

　2番目は，種それぞれのなかの，遺伝子の多様性である．これは，同じ種でも地域が異なれば，別の環境に適応しており，遺伝的組成が変わっている場合がある．したがって，別の地域の遺伝的組成を持った生きものを，たとえ同種であってもほかの地域に持ち込んではいけないことに注意すべきである．たとえば，養殖などをする場合に，ごく限られた親から大量の子どもをつくってはいけない．

　3番目は，種より上のレベル，生態系の多様性である．これは，たとえば生物の種数が多いというだけならば，熱帯雨林のほうが砂漠よりはるかに多い．しかし，砂漠には，砂漠にしかいない生きものがいる．そういう意味で，砂漠も大切である．このように，さまざまな生態系の多様性も地球上に残しておくべきであるという議論になっている．

　種の多様性をはかる指標として，世界自然保護基金（WWF）は，「生きている地球指数」というものを提案している．これは，いわば株式市場における平均株価指数のようなもので，すべての種をはかっているわけではないが，主要な種についてその種の個体数の動向を調べている．実際には，世界各地の陸域，淡水域，海域に生息する合わせて1686種の野生生物について，

約5000の地域個体群を調査して，その個体数の増減を見て，その総合的な指標を計算している．

さて，これらの生物多様性を守るために，1992年に，国連気候変動枠組条約とともに生物多様性条約が採択された．この条約には3つの原則がある．1番目は生物多様性を保全すること，2番目にその構成要素を持続的に利用すること，3番目に遺伝資源を利用する場合の利益を公正に配分すること，である．締約国は，この条約の趣旨を遂行するために生物多様性国家戦略というものを策定する．

この3番目の遺伝資源を利用する利益の公正な配分というのは，たとえば，ある先進国の製薬会社が熱帯雨林の薬草のなかからある遺伝子を抽出し，その遺伝子を使い薬品を開発して利益を得る．そのときに，その遺伝資源を守っていたのは，途上国の生態系である．しかし，そこから遺伝資源を取り出してしまった場合に，その知的所有権も含めて先進国の企業が，その利益を独占してしまう．そういうことに対して，その遺伝資源を提供していた，つまり保持していた側の途上国にも利益を公正に配分すべきということが，この第3原則の趣旨である．ただし，アメリカは，生物多様性条約を批准していない．

生物多様性を守る理由として，私たちが子どものころにあった自然が，今の子どものまわりにないというように，生物多様性が急激に減少しているという状況がある．人間の暮らしは，豊かな生物の自然の恵みによって成り立っている．したがって，その自然の恵みなくしては生きていけない．その自然の恵みが今，急速に失われているのだから，それを守ることによって，自然の恵みをつぎの世代に残していくことが大切である．すなわち，世代間を通じた持続可能性が，この生物多様性を守る根拠である．

よく日本では，自然と人間が共生しているというようないい方をする．この共生という言葉は，字義どおりに解釈すれば，自然があって人間が利益を得て，人間によって自然も利益を得ることを意味する．はたして，人間がいることによって自然が豊かになるかというと，必ずしもそうとはいえない．むしろ，人間は，自然から一方的に恵みを受けている寄生関係といえる．人間が後世に至るまで自然の恵みを得ることが大切である．

この生物多様性条約の2002年の締約国会議において，2010年までに地球

規模,地域国家レベルでの生物多様性の喪失の速度を著しく減速させるという 2010 年目標が採択された.生物多様性の喪失の速度は,現在も加速している.これらの脅威に対して行動をとらなければならない.そのために,①生物多様性の喪失を減速させるという目標のほかに,②主要な脅威である外来種,気候変動,環境汚染,生息域劣化に注意を払い,③持続可能な利用を促進し,④人間の福利を支える生態系の健全性を維持し,⑤伝統的な知識・経験を守り育て,⑥遺伝資源の利益を公正かつ公平に共有し,⑦低経済開発国などの財政的・技術的な資源流動性を確保する,という7つの重点目標があげられている.

(2) 生態系アプローチについて

つぎに,生態系アプローチについて説明する.生態系アプローチという言葉は,それぞれの種を守っていくという種ベースのアプローチではなくて,生態系全体を守る取り組みをするということである.これは,海でも陸でも推奨される基本概念として現在定着している.たとえば,漁業においては,今までは,各水産資源という種レベルについて乱獲を避けることを考えていた.それに対して,生態系全体を見据えた管理を行うためには,その種の生息域を見守り,その種が相互作用している餌や天敵や競合種などを考慮したかたちでの保全を考えていく.この視点には,順応的管理と社会科学的視点も多く含まれている.それらは,2000 年,ナイロビで開かれた第5回締約国会議の文書によって,12 原則というかたちでまとめられている(p.4,表 1.1 を参照).

(3) 生態系サービスについて

生物多様性を守ることにより,自然の恵みが維持されると考えられる.自然の恵みは,生物多様性条約などでは生態系サービスという言葉で呼ばれている.自然の恵みを利用するというときに真っ先に考えられるのは,農林水産物としての収穫である.これによって食料を得たり,木材を得たり,あるいは着るものをつくったりして,さまざまな自然の恵みを利用する.しかし,じつは,このような生物資源としての価値は,生態系サービスのうちのごく一部であるという認識が広がりつつある.

たとえば，漁業はたんに水産資源を得て魚を獲るだけではなくて，その漁業自体が自然を守っていくという多面的機能がある．リゾート開発などの沿岸開発や埋め立てを阻む主要な利害関係者は，少なくとも日本では漁民である．漁民は海の自然をもっともよく知る関係者であり，海洋生態系の異変にも敏感である．それらを評価することが重要になってきている．これは，農業も林業も同じである．国連ミレニアム生態系評価と呼ばれる，これらの一連の取り組みによって出されている報告書がある．そのなかで，生態系サービスは，基盤サービス，供給サービス，調整サービス，文化的サービスという4つのサービスが維持されるというように考えられている（図4.8）．この4つのサービスのうち基盤サービスは，直接に自然の恵みとして人間に利用されることはない．しかし，この基盤サービスは，ほかの3つのサービスを支える．たとえば，生態系，生物がいることによって，土ができる．それから，物質が循環する．さらに，二酸化炭素が大気中から取り込まれて酸素になって利用される．また，水が利用されるというようなものも，基盤サービスである．

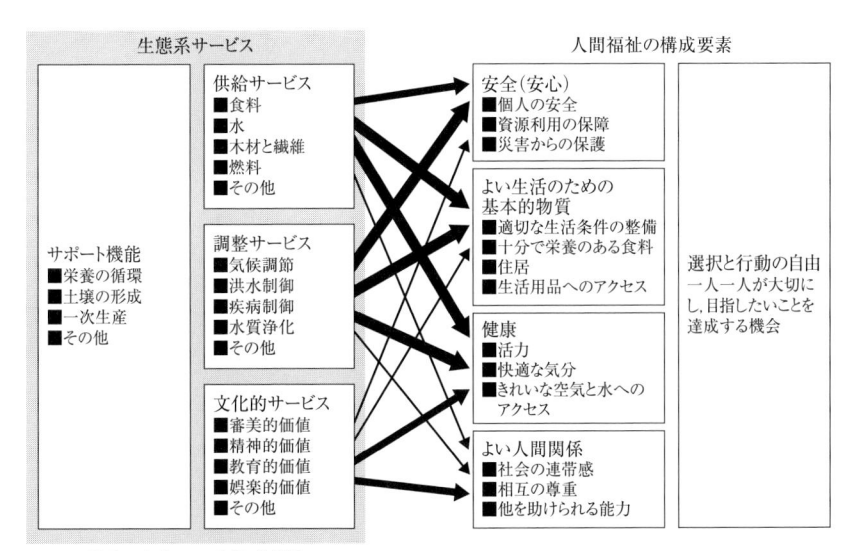

図4.8 生態系サービスと人間の福利の関係（国連ミレニアムエコシステム評価，2007より）．

この基盤サービスをもとにしたサービスのうち，もっともわかりやすいのは供給サービスである．これは，先ほども述べたように，農林水産資源として人間に供給される．その他，薬草が薬になるというような遺伝資源，新鮮な水なども供給サービスである．

つぎに，調整サービスというのがある．これはなにかというと，たとえば，生態系があることによって東京湾の水がきれいになる．これは干潟の価値である．あるいは，いろいろな害虫の天敵が生態系にいることによって，その害虫の大発生を防いで，農林水産業が健全に営まれるというような，害虫防御，害虫制御という役割．生態系が健全であったほうが不健全な場合よりも，さまざまな病気に人間がかかりにくくなるということ．そして，土壌が流出して，たとえば土砂崩れが起こるのを防ぐとか，洪水が起こるのを防ぐというようなことも考えられる．

文化的サービスというのは，たとえば，色の名前に多く生きものの名前がついているとか，俳句を詠むとか，そういうことで，その地域の生物多様性によって私たちの精神生活が豊かになるということがあげられる．あるいは，観光資源として国立公園に行ってみて，自然とのふれあいを楽しむ．

このようなさまざまなサービスというかたちで自然の恵みが維持されることによって，人間は，豊かな生活を送ることができる．これを人間の福利という．そして，人間の福利が享受されるために，生態系サービスを守り，その生態系サービスを守るために，生物多様性を守るのである．これが，国連ミレニアム生態系評価の論理である．

国連ミレニアム生態系評価では，どの生態系サービスが人間の福利にどの程度貢献しているかを分析している．そこでは，2種類の評価基軸がある．あるサービスが持つ貢献の大きさと，その関係がどの程度たしかなものかという認知度である．たとえば，食料があることによってよい生活を行うための価値が非常に高い．また，食料があることは，健康にも当然利く．このように，調整サービスがあることによって，私たちは安全な暮らしを営むことができる．供給サービスは，その貢献の大きさに異論が少ない．それに対して文化的サービスなどは，貢献度も低いと見られているし，その確度も低い．調整サービスは，貢献度は大きいとされるが，その確度は，供給サービスに比べて低い．

表 4.2 生態系サービスの経済価値の試算 (Costanza et al., 1997 より).

	面積 (万 km^2)	物質循環	食料生産	浄化機能	...	総計 (兆ドル)
大洋	33200	118	15	不明	...	8.38
河口	180	21110	521	不明	...	4.11
藻場など	200	19002	不明	不明	...	3.80
サンゴ礁	62		220	58	...	0.38
大陸棚	2660	1431	68	不明	...	4.28
...	...	...	...	...	...	...
熱帯雨林	1900	922	32	87	...	3.81
干潟など	165	不明	466	6696	...	1.65
湿原など	165	不明	47	1659	...	3.23
総計 (兆ドル)	51625	17.08	1.39	2.28	...	33.27

このようなさまざまな自然の恵みを金銭評価した研究として Costanza et al. (1997) がある (表 4.2). どのようなところに価値があるかというと, 熱帯雨林などが多い. その他, サンゴ礁も価値が高く, さらに, 南極やグリーンランドなどの沿岸域, 大陸棚もきわめて高い価値を持っている. このように Costanza et al. (1997) の研究によれば, いわゆる供給サービスとしての自然の恵みの価値は, 世界全体で 1 年あたり 140 兆円くらいであると見込まれている. それに対して, 調整サービスは, これより 1 桁多く見込まれている.

たとえば, ある海面を開発することを考えてみる. 現在の日本では, そのときの直接の被害者は, 漁業者である. 開発によって漁業はできなくなるとすれば, 本来漁業ができたならば得たであろう水産物の価値を補償金として支払うことにより, 漁業権を放棄してもらい, その海を開発するということが行われる. しかし, これでは漁業による供給サービスの価値よりも 1 桁以上高い調整サービスに関しては, なんの補償も払われないことになる.

(4) 海の生態系について

さて, このような生態系サービスに対して, 海から魚がいなくなるというようなキャンペーンが, よく話されている. これは世界の水産分野の動向として考えられることであるが, やはり昔に比べて, 水産資源の争奪戦が激化したということがある. 昔は, 領海は 3 ないし 12 海里だけで, それより外

側は公海であり，日本の漁船もほかの国の 12 海里まで近づいて，かなり多くの魚を獲っていた．そうすると，沿岸部の利益が守られない．

イギリスとアイスランドの間で起きたタラ戦争は，イギリスがアイスランドのごく沿岸まで漁業をし，とくに流血の戦争にはならなかったものの，アイスランド側が政治的に勝利した．その結果，排他的経済水域 200 海里というようなものが沿岸国の権利として国際的に認められるようになった．国連海洋法条約では，沿岸国が自分の資源を利用する代わりに，資源管理義務というものが問われるようになった．ほかにも，たとえば乱獲された野生生物の国際取引がワシントン条約で禁止されているというような動きが増してきている．

魚は，今まではアジアの人々，とくに日本人がたくさん食べていた．反面，健康志向に乗って寿司は世界中に広まるなど，魚食文化が広がりを見せている．それによって，おもに中国の発展により，国際市場で水産物を日本が独占的に買うことができなくなってきている．

さて，そういう状況のなかでほんとうに世界の漁獲量がもう増えないのか，あるいは，食卓や海から魚はほんとうに消えるのか．こういうキャンペーンは，"Newsweek"誌の 2003 年 1 月 14 日号の表紙のように，「海は死につつある？」というような書きぶりがしてある（p.35, 図 2.1 を参照）．私は，海から魚が消えるとは思っていない．しかし，海から乱獲しすぎていれば，食卓から高級魚が消えるということは，現実に危惧される時代になってきているというふうに思っている．

なぜ，魚全体が消えるというキャンペーンが起こるのかというと，じつは，これは欧米とそれから途上国の魚食文化のちがいに原因がある．北米東海岸の漁獲量はどんどん減っている．つまり，1995 年ごろまでは漁業管理に失敗してきた．その後は少し持ち直している状況が見て取れる．それに対して，東南アジアでは着実に漁獲量が増え続けている．しかも，北西大西洋よりも漁獲量が多いという状況にある．このように，北西大西洋を見るか，あるいは中西部太平洋を見るかによって，世界の漁獲量の趨勢はまったくちがうように見えるということがわかる（図 4.9）．

ただし，今後漁獲量が増えていくものは，おもに浮魚，マイワシやカタクチイワシである．世界全体浮魚資源の漁獲量は，1990 年代半ばまでは，順

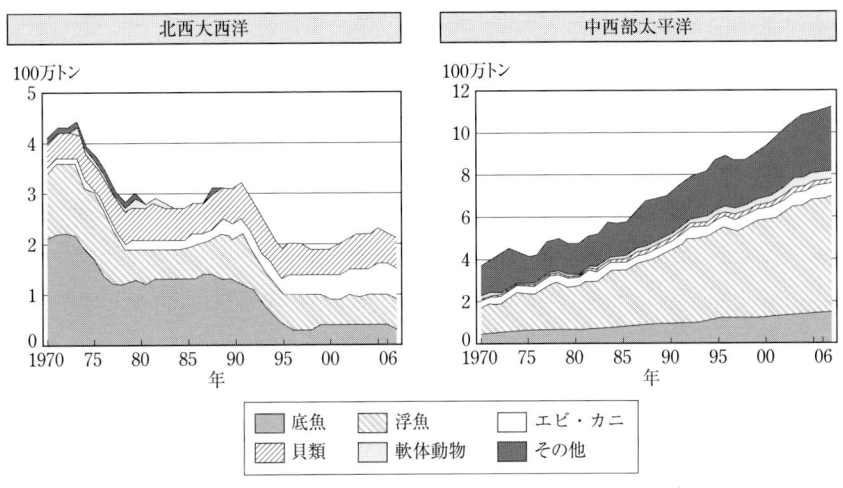

図 4.9 北西大西洋と中西部太平洋の漁獲量の推移（FAO, 2007 より）．

調に増えて，その後は横ばいである．ところが，1つ1つの魚種でみると非常に浮き沈みが激しい．たとえば，1970年代には，ペルーのカタクチイワシは1200万トン獲っていたが，それが，1985年くらいにはほとんど獲れなくなり，また1990年代にたくさん獲れている．日本のマイワシも，1980年代にたくさん獲れたが，その前後では獲れていない．このように，1つ1つの魚種では非常に資源量の浮き沈みが激しい．これは，エルニーニョなどの海洋環境も影響しているといわれている．つぎに，日本の漁獲量を見ると，1930年代と1980年代にマイワシが多く，1960年代と1990年代にカタクチイワシなどが多い．そして，1970年代はマサバが多かったというように，それぞれの場所で優占する魚種が変わっている．先に述べたように，これを魚種交替という．

したがって，単一種だけの管理をしていては，有効に利用することも管理することもできない．生態系アプローチが必要である．そして，その生態系アプローチとして考えるべき教訓は，今のところ単純なことである．①増えた魚を獲る，②減った魚にいつまでもこだわらない，③子どもを獲らずに大人を獲る，④減った魚は保護する．このようなことが大事である．そのためには，一網打尽になんでもかんでも獲るというような漁業技術ではなく，⑤

選択性の高い漁業技術を開発する,ということが重要になってくる.

(5) マグロよりもサンマを食べよう

最後に,環境にやさしい漁業について説明する.乱獲された魚を食べるということはやめようというキャンペーンが国際的に行われている.たとえば,ウミガメを混獲するような漁具を使ったもので獲ったマグロを食べるのをやめようといったキャンペーンである.

1人1日あたりの魚の消費量は,日本は非常に高いほうであり,アジア諸国も高いほうである.魚は,水銀やダイオキシンが高濃度に含まれているので食べてはいけないというように,欧州の環境化学者たちは助言する.しかし,じつは,魚をたくさん食べる国のほうが寿命が短いという知見はない.むしろ逆である.日本はたくさん魚を食べるが,女性は世界一の長寿命国である.

こうしてみると,今後,私たちが海の自然のことを考えるうえで,海の魚がもう食べられないというのではない.むしろ,余っている魚はたくさんある.たとえば,サンマは,もっとたくさん食べることができる.しかし,足りない魚もある.たとえば浮魚のなかでも今,サバやマイワシは減ってしま

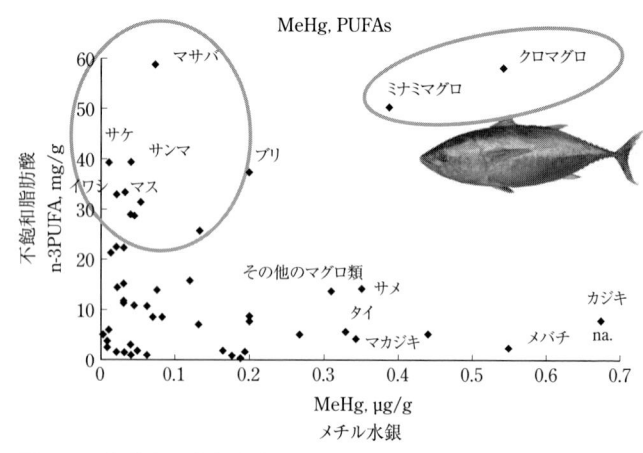

図 4.10 魚種中の水銀含有量と不飽和脂肪酸の含有量(Zhang *et al.*, 2009 より).

っている．減ってしまったものは，しつこく獲り続けるのはよくない．まして，その上位捕食者であるマグロに関しては，たくさん食べている．栄養段階の低いサンマよりもマグロのほうが食べるチャンスが多いというのは，環境にやさしい魚の食べ方とはいえないであろう．私は，マグロをまったく食べるなというつもりはない．たくさん食べるのはやめて，小食をし，栄養段階の低い早めの段階に食べようというふうに考えればよい．魚には，心疾患を減らすうえで有用な不飽和脂肪酸もたくさん含まれている（図4.10）．魚は健康食品であるということをよく考えていただきたいと思う．

　持続可能な漁業を続けるためには，健全な海洋生態系が必要である．海洋生態系がもたらす生態系サービスの価値は，漁獲で得られる価値よりずっと高い．適切な漁業によってその生態系を守ることができるなら，世界最大の水産物消費国である日本が環境にやさしい漁業だけになんらかの優遇措置をとれば，世界の海を守ることができるだろう．

第5章　海の生態系管理
——海域環境の保全

5.1　非定常系としての海洋生態系

（1）定常状態の幻想

　生態系は非定常である．ところが，従来のわが国の漁業管理や環境影響評価では，この当然のことが忘れられていた．米国の生態系管理の考え方を紹介しながら，新たな漁業管理の考え方を探る．

　水産資源学の教科書には，持続可能な漁業の理論として，密度依存的な再生産関係が説明され，最大持続漁獲量（MSY）の概念が紹介されている（田中，1985）．

　このような概念は，実際の漁業ではほとんど役に立たない．生態系は非定常である．この資源を，資源量がある閾値より大きいときはその余剰分を漁獲し，閾値よりも小さいときは禁漁とする方策で漁獲すると仮定する．資源量が閾値より大きいとき，漁期後資源量はこの閾値に一致する．そのため，これを漁獲後資源量一定方策（constant escapement）という．非定常資源で長い間の漁獲量の総計を最大にするには，漁期後の資源量を一定にするのがよい（p.62，図2.16および図2.17を参照）．これは，ひとことでいえば毎年一定量の種もみを残し，つぎの世代の加入量を確保するということである．これを加入管理という．

　このように，非定常な資源でも長期的に最大持続漁獲量を高める政策が理論的に知られている．上に示した政策は毎年の漁獲量のばらつきが大きく，資源量推定が不確実な場合には不適切な政策になる．しかし，繁殖ポテンシャル（勝川・松宮，1997）という指標を用いれば，これらの欠点を克服でき

る.

　さらに，再生産関係，生存率，繁殖率，現存資源量などの生態学的な基礎情報が不明確な場合，たんに資源が減ってきたら獲るのを控え，増えてきたらたくさん獲るという順応的管理（Matsuda and Katsukawa, 2002）により，不確実で非定常な資源を持続的に利用することができる．その基本理念は，順応性と説明責任を備えた順応的管理という考え方である．

　非定常で不確実だからうまく管理できないということはない．大事なことは，加入管理の考え方にもとづく順応的管理を実際の水産行政や野生生物管理に実践することである．資源管理学は経験科学であり，実践なしには発展しない．不確実性や非定常性に真っ向から応える理論が出てきたのも，海外での実践の教訓である．水産資源の枯渇が進み，管理は思うように成功せず，管理哲学の変革が問われている（Schramm Jr. and Hubert, 1996）．日本の資源学も，机上の空論から抜け出さなくてはいけない.

（2）生態系管理（ecosystem management）

　すべての生物は生態系の一員である．ある魚種の資源変動はほかの有用魚種を含む生物に影響を与えうる．近年，それぞれの資源を別個に管理するのではなく，生態系全体を管理すべきであるという考え方が広まってきた．これを生態系管理という．海洋保護区（MPA）を設けることも，生態系管理の1つである．日本政府が国連食糧農業機構（FAO）の協賛のもとに催した1995年京都宣言では，食物連鎖の異なる段階の魚種を有効に利用することがうたわれている（松田，1998a）．それと機を同じくして，多魚種一括管理の可能性が検討され始めた.

　生態系管理は，水産資源だけでなく，陸上生態系にも成り立つもので，米国生態学会は生態系管理の科学的基礎についての委員会報告をまとめている（Christensen et al., 1996 ; 鷲谷・松田，1998）．これにもとづき，水産資源管理に応用する際の生態系管理の考え方と注意点を述べる.

　生態系は人間に自然の恵みをもたらす．この恵みは，水産物のように経済価値を持つ有用物（goods）だけでなく，干潟の浄化機能や熱帯雨林からの酸素供給など，人間が無償で得ている生態系サービスも含まれる（国連ミレニアム生態系評価）．さらに，花鳥風月に親しむような快さ（amenity）も

大切で，現代では野生鳥獣はクジラ見物などのように観光資源とし，それなりの経済価値を持っている．釣りや狩りは獲物と快さの両方を求める産業である．生態系の価値は，じつは有用物の価値よりも現在の市場経済に乗らない市場外価値のほうがはるかに高く，世界で年間数十兆ドルという試算もある（Costanza et al., 1997）．

　この自然の恵みは，とくに今世紀に入ってから急激に失われつつある．現代は生命の誕生以来，6番目の大量絶滅の時代（エルドリッジ，1999）ともいわれ，昔はありふれていた動植物でさえ絶滅が心配され始めた．深海底を除いて地球上に前人未踏の辺境はない．しかし，われわれには直接・間接の自然の恵みが必要である．この自然の恵みを次世代に残す持続可能性（sustainability）こそ，生態系と生物多様性を保全する最大の理由である．この持続可能性は，水産学では古くからいわれてきた概念である．

　生態系とは植物，動物，分解者および栄養塩を含む物質循環を行うシステムである．本来，システムとはたんに要素の集まりではなく，その間の相互作用に重きを置いた概念であり，制度やしきたりもシステムである．しかし，生態系全体とのつながりを忘れ，希少種だけを手厚く守ればよいという誤った考え方が少なくない．そこで，物質循環の過程に重きを置いて，生態系過程（ecosystem process）という言葉がよく使われる．生態系の要素としての各生物だけでなく，それらが生きている過程そのものを守るべきである．

　生態系は複雑である．現在の状態を正確に記すことは容易でない．しかし，数値を示して定量的な予測と評価を行うことは，現在あらゆる分野で問われている．生態系全体を評価しなくても，ある魚種の資源量など，生態系全体の健全さ（integrity）を反映すると思われる指標を使うべきである．管理の目標をはっきりさせ，年ごとにこれらの指標が異常値を示していないことを監視し，その指標の値の変化を予測する数理モデルをつくることが必要である（鷲谷，1998）．生態系を数値で表しても，ごくわずかな情報しか示すことはできない．たとえば，漢字の書き取り試験だけで国語力を評価するようなものである．

　複雑な生態系の種間関係を通じて，ある生物に生じた変化はほかの生物にさまざまな影響をおよぼす．直接関係のある生物だけでなく，第3の生物を介した波及効果は生態系全体におよぶ．これを間接効果という．間接効果は，

しばしば思いもかけない影響をほかの生物におよぼす．これを間接効果の非決定性という（大串，1992；松田，1998a）．

生態系は非定常であると同時に，空間的にも不均一である．その最大の要因は自然攪乱である．陸上植物でも，草原から極相林へ遷移が進むだけではない．山火事や倒木などにより，遷移がやり直される．自然攪乱が多すぎても少なすぎても生物多様性は下がり，ほどほどの攪乱がもっとも多様性を高めるといわれる．これは Connell（1978）の中規模攪乱説といわれ，潮間帯の動物群集でも知られたことである．生態系は，遷移と自然攪乱が織りなすモザイクであるといわれる（Christensen *et al.*, 1996）．

生態系管理は，不確実で変わりゆく生態系を保全するという矛盾への挑戦である．じつは，環境影響評価法でも，生態系が非定常であることが取り入れられていない（松田，1998b）．自然攪乱はおろか，遷移という言葉すら出てこない．これでは，生態系のなにがどう貴重かも評価できないし，守るべきすべも見えてこない．

（3）リスク評価と合意形成

生態系管理は必ず成功するとは限らない．自然をありのままに残しても，生物多様性が守れるとは限らない．自然の攪乱と遷移のつりあいが崩れれば，生態系は別の状態へと変わってしまう．むしろ，人手をかけないと守れない自然もある．

問題はその確率である．いわゆる危機管理と同じく，絶対安全という保証はない．投資にも危険性（リスク）がともなう．だからといってすべてあきらめる必要はない．健全な生態系を損なうおそれをできる限り下げることが大切である．そのためには，危険性という考え方が欠かせない．

危険性は確率で表される．その確率は，多くの場合，科学的に確かめられていない前提のもとに見積もられる．内分泌攪乱物質や化石燃料排出による地球温暖化のおそれなども，まだ実証されてはいない．しかし，実証されてから対策を立てていては手遅れになる．

絶対安全なものがないとすれば，複数の危険性を比べて，より安全なほうを選ぶ必要がある．そのため，危険性はさまざまな数理モデルを使って定量的に見積もられる．生物の絶滅のおそれも，国際自然保護連合（IUCN）の

絶滅のおそれのある生物の判定基準の1つに絶滅確率による判定基準がある（松田・矢原，1997）．

　よく知られているように，ダイオキシンや発ガン性添加物による死亡率よりも自動車事故や喫煙による死亡率のほうがはるかに高い．それでも環境化学物質や添加物を規制するのは，望まない人々にまで危害がおよぶからであり，自動車には危険をしのぐ便益があると考えられるからである．つまり，たんに危険度だけでなく，危険性と便益性を比べているのである．危険性だけをいたずらに騒ぎ立てることには，環境化学者からも批判がある（中西，1998）．

　フジツボなどが船底や漁網に付着するのを防ぐのに使われる有機スズ（TBT）が新腹足類の雌の雄化（imposex）をもたらし，イボニシやバイ貝の雌が「雄化」して繁殖できなくなることは，1980年代に世界中で問題になった．その結果，有機スズは事実上規制され，各地で巻貝が復活しているという（水口，1998）．ところが，当時有機スズの規制を主張した環境化学者は，規制したのを悔いているという．船底にフジツボなどが付着することで燃費が悪くなり，損害は世界中で年57億ドルになるという試算があり，巻貝の保全に比べて割に合わないというのである（Rouhi, 1998）．はたして，ほんとうに割に合わないのだろうか．先の生態系サービスの資産評価（Costanza et al., 1997）を考えれば，検討すべき価値がある．

　危険性がゼロではないことを白状するのを，行政は非常にいやがる．しかし，環境影響評価法には「環境に影響を与えるおそれ」を避けることが明記されている．危険性を市民に伝え，ほかの選択肢に比べて合理的な選択であることを市民自身に判断してもらうことが大切である．

　水産資源管理においても，野生生物管理やほかの環境政策と同じように，国（各省庁），自治体，漁業者，近くの住民，市民，研究者らの間で合意形成の図り方をはっきりさせておくべきである．過去の例を見ても，やはり，管理計画が実施されたところはこの段取りがうまくいっている．それは当事者の誠意と熱意のたまものだが，やはり，合意形成の手順自身も研究すべきである．水産資源学の教科書にも，合意形成の手順と考え方，過去の教訓について説明すべきである．

5.2 海洋生態系の保全と管理

（1）リスク評価と不確実性

1997年12月11日から12日にかけて東京大学海洋研究所で催されたシンポジウム「21世紀水産資源科学への挑戦」は，2日目の午後を総合討論にあて，活発な議論を交えた．この節は，司会を担当した私がその討論をふまえて，今後水産資源科学が目指すべき道をまとめたものである．当日の議論のすべてを紹介できず，また紹介した内容についても私の主張したい文脈に沿ったかたちでのみ紹介したため，その文責がすべて私にあることを初めにお断りする．

生物資源を管理するうえでつねにつきまとう問題は，個体数，死亡率，繁殖率，生息域など，生物のごく基本的なことさえわからないままに管理しなくてはいけないということである．わからないからといって手をこまねいてはいられない．山口大学の関根雅彦氏が講演のなかで指摘されたように，実証されていないことを予見し，将来の事態に備えることが大切である．

しかし，これは資源管理だけの問題ではない．過去の人類がさらされなかった食品添加物や化学物質の危険性も，原子力発電所などの事故も同じことである．リスク（risk）は20世紀末を象徴する用語の1つであり，それは裏を返せば不確実性（uncertainty）が引き起こす危険性でもある．

危険なものをすべて排除できるなら，話はたやすい．それができないところにリスク評価の悩みがある．横浜国立大学の益永茂樹氏の講演「人の健康と生物の絶滅のリスク評価」では，環境中に放出される化学毒物が引き起こす発ガン性についてふれ，どんなに濃度を低くしてもそれなりに発症者が出る，つまり閾値がないことが発ガン物質の特徴だと指摘した（中西，1996）．

しかし，発ガン物質をできる限り制限した結果，発ガン性はないがほかの病気を引き起こす代替物質を認めてしまうと，結果的に多くの人の健康を損ねてしまうことがある．1つの害悪を強調するあまり，別の諸悪を見逃してしまう過ちは避けなくてはいけない．そこで，発ガン物質もほかの有害物質も，人の健康をどれだけ損ね，人の寿命をどれだけ縮めるか（損失余命）によって有害さを比べるという考え方（健康リスク）がある．

たとえば，日常的な喫煙者は肺ガンにかかる可能性が非喫煙者に比べて高く，数年寿命が縮まるといわれる．そこから逆算すると，煙草を1本吸うことの損失余命は数分間と試算される（ロドリックス，1994）．食品添加物や化学毒物の場合，日常的に摂取し続けた人の10万人に1人がガンにかかるとすれば，規制の対象になる．このときの損失余命は1時間程度にあたる．

ある化学物質の使用を認めるかどうかは，その物質がもたらす健康の危険の大きさだけでは決められない．たとえば，交通事故による損失余命は食品添加物の損失余命よりはるかに長い（ロドリックス，1994）．にもかかわらず，自動車が社会に認められて添加物が禁止されるのは，車が社会に与える便益が添加物よりはるかに高いからである．したがって，便益と危険を同時に評価する必要がある．

化学毒物は人間だけをむしばむのではない．ほかの生物にもおよんでいる．愛知県水産試験場の冨山実氏が紹介した「環境ホルモン」と呼ばれるPCBや有機スズなどの化学物質は生物の生殖力を阻害するといわれている．このことは，『奪われし未来』（コルボーンほか，1997）という本にくわしく説明されている（残念ながら，訳本には多数の誤訳が指摘されている；高橋，1997）．生物への影響は，個体の生死でなく，種の絶滅確率によって評価する．

生態リスクを評価する場合の問題点は，人間の寿命がどの人もそうちがいがないと仮定できるのに対し，生物の絶滅までの待ち時間は自然状態でも種間によって大きく異なる点である．マグロとクジラの絶滅確率の増加分をどのような尺度で比べればよいのだろうか．また，生態リスクの場合も危険性だけでは政策は決められず，便益との兼ね合いを見るべきである．

不確実な情報のもとで適正な漁業管理を行う手段として，フィードバック制御（田中，1985）がある．これは資源量が増加傾向にあるときには漁獲努力を高め，減少傾向にあるときには努力を控えるという方策で，絶対資源量や再生産関係がわからなくても，適正水準に誘導できる方策である．エゾシカ保護管理計画はその実例である（松田，2000）．

（2）責任ある漁業

「責任ある漁業」は，環境問題や生物多様性の問題と漁業の両立を考える

際に欠かせない概念である．漁業の乱獲問題を解決するには，未成魚を保護することと混獲を減らすことが重要である．それには選択性の高い漁法の開発が欠かせない．未成魚の保護や混獲率を減らせば持続可能な漁獲量がどの程度増えるかを算出するのは資源研究者の仕事だが，それを可能にする漁具ができなければ絵に描いた餅である．

西大西洋クロマグロの回復計画の解析によれば，クロマグロの未成魚に個体数の多い卓越年級群があるために，自然と成魚が増える．つまり，マグロの成魚を15年間で1.5倍にするという国際委員会（ICCAT）の数値目標には「抜け穴」があり，漁獲規制をそれほど強化しなくても達成されるあまい目標になっているという．

齢構成が変動する野生生物では，たんに成魚個体数の回復だけで評価するのではなく，未成魚が将来成魚になる割合を加味した繁殖ポテンシャル（勝川・松宮，1997）という指標が有効である．繁殖ポテンシャルは魚に限らず，卵を産まないエゾシカの管理にも応用が検討されている（松田，1997）．

（3）「悔いのない方策」と「わかりやすい方策」

遺伝的多様性を維持することが具体的にどう重要なのか，生物学的にはまだ十分に立証されていない．生物多様性と地球温暖化はどちらも科学的には十分立証されていないが，事態の緊急性を考えると，立証されていなくても対策をとるべき課題である．したがって，これらの問題に対しては，「悔いのない方策」，すなわち生物多様性や地球温暖化がそれほど重要な問題ではなくなるとしても無意味にならない方策が重要である．悔いのない方策のわかりやすい例は，人口政策における女性の地位や教育水準を向上させる政策である．これらは晩婚と非婚率向上と少産化をもたらし，出生率低下に有効だといわれているが，たとえそのような人口政策としての意義を抜きにしても，人道的に歓迎すべき政策である．

海洋保護区や未成魚を守るというように，単純でわかりやすい政策のほうが，一般性を持つ有効な方策になりうる．国際的な漁業交渉などではより多くの情報を取り入れ，より複雑な数理モデルをつくって解析しがちである．たがいに自国に有利な方策を示そうとキツネとタヌキの化かし合いをやるとなれば，「相手を煙に巻く」複雑なモデルが幅を利かせる．しかし，資源保

全と持続的利用という人類共通の利害を達成するには，むしろ「目から鱗を落とす」ようなわかりやすい方策が有効であろう．

限られた観測情報から予測性の高い数理モデルをつくるには，複雑なモデルより単純なモデルのほうが有効であることが多いといわれる（巌佐, 1998）．単純な数理モデルが推奨する方策のほうが，複雑なモデルが導く方策より直感的にわかりやすく，不確実性に対してもおおむね頑健である．たとえ複雑で精緻な解析を積み重ねても，直感的に理解しやすい方策を導くことが望ましい．

（4）人為淘汰と進化生態学

生物保全には，進化生態学や分子生物学の知見も有効である．DNA 分析は近畿大学の細谷和海氏の希少淡水魚についての講演や，群馬県水産試験場の吉沢和倶氏のアユの種苗生産と遺伝的多様性についての講演でも紹介された．

種苗生産という人工的な環境が魚の形質を変えてしまう可能性がある．たとえば，早熟の成魚の卵だけを採卵して継代飼育すれば，意図せざる人為淘汰が働いて早熟の魚ばかりになるかもしれない．アユの早熟化は，たんに多くの卵を採るだけでなく，多様な条件で選抜しないと遺伝的多様性が失われる可能性を示唆している．

カワウは，各地で大発生してアユなどの川魚を食い荒らしている．ニホンジカも近年数が増え，希少植物の脅威となっている．ある生物の過保護が生態系のつりあいを損ね，別の生物を危うくするのは海も陸も同じである．

さらに，野生生物を管理すれば彼らの生き方が変わる点に注意すべきである．ニホンジカの禁猟を解けば彼らは人間を警戒するようになり，狩猟期間を増やしても思ったように捕獲できないかもしれない．最近のテレビ報道によれば，カワウを彼らの密集地から追い散らしたところ，かえって分布を広げて被害が増えてしまったそうである．「利己的な遺伝子」という標語に象徴される進化生態学の知見によれば，このような適応的な形質変化は，野生生物管理を思わぬ計画倒れに終わらせるおそれがある．これを防ぐか，予期するには，進化生態学の視点が欠かせない．

(5) 環境影響評価指標と生態系保全

　環境問題は漁業現場においても重要である．国連食糧農業機構（FAO）も，漁業が抱える4つの課題の1つに，沿岸の環境劣化の克服をあげている．鹿島建設の柵瀬信夫氏は，民間企業で環境修復の研究をする際の微妙な問題を交えながら，他方で環境共生型の護岸工事が実際に生態系の修復に貢献したかどうか，生物指標種の追跡調査を通じて調べている例を紹介した．

　二酸化炭素排出量を国際的に制限する際に数値目標を決めるやり方は，貿易不均衡の是正など，外交交渉でよく見られ，古くは1930年の軍縮条約に通じる．多くの漁業交渉でも数字を出して目標を設定する．その数字が不確実な仮定の上に出された試算であり，かつ政治的な妥協の産物であることはすべてに共通する現実である．

　それでも，態度を曖昧にして実効性のないものにするよりましだというのが，数値目標を定める趣旨だろう．私たち研究者は，できるだけ根拠のある数値を出すこと，その数値の根拠と不確かさを正確に説明すること，立場の異なる研究者と公の場で議論する姿勢が必要である．数字を示すことは大いに説得力を増すが，数字が一人歩きして誤解を招き，研究者の所期の意図とは離れた結果をもたらすこともある．まさに，「数は力なり」と呼ぶべき状況があることに注意すべきである．

　今や，資源管理と環境保全問題を分けて考えることはできない．両者はともに個体群生態学という共通の科学が役立つ応用課題であり，持続可能性と生態系保全を目標とする点で，本来1つの問題である．私たちは，それをより鮮明に目指すために，保全生物資源学（conservation bioresources）という分野を提唱している．

5.3　知床世界自然遺産と沿岸漁業の共同管理

(1) 世界自然遺産登録の経緯

　知床世界自然遺産は，日本の自然環境行政において科学委員会が定着する先例であり，世界自然遺産区域などの自然公園で人間の関与を積極的に位置

づける世界の先例であり，海域の生態系管理における1つの具体的な解として管理計画を開発し，資源管理型漁業など，日本の自主管理の有効性を世界に説明する絶好の機会である．

2005年7月のユネスコ総会で，知床は日本で3番目の世界自然遺産に登録された．屋久島，白神山地とは異なり，登録申請前に候補地管理計画を公表し，科学委員会を設置して知床の自然の保全策について議論を行ってきた．登録にあたり，現地を視察して審査した国際自然保護連合（IUCN）から2年後に調査団を迎えるよう促されるなど，かなり厳しい注文がついたが，知床世界自然遺産には，いくつかの注目すべき目標と成果がある．

第1に，私は知床世界自然遺産を，日本の自然環境行政において科学委員会が定着する先例と位置づけている．これは，愛知万博環境影響評価において未完成だった課題でもある．第2に，IUCNから要請された海域の生態系管理における1つの具体的な解として管理計画を提案することになる．これはIUCNから課せられた使命である．第3に，世界自然遺産区域などの自然公園で人間の関与を積極的に位置づける世界の先例となっている．この点では，海域管理だけでなく，知床のエゾシカ管理も共通する．第4に，資源管理型漁業など，日本における漁業者の共同管理（co-management）の有効性を世界に説明する機会である（Makino and Matsuda, 2005）．

（2）科学委員会の定着

科学委員会は事務局が世界自然遺産地域の管理計画を立案するにあたって科学的に助言し，提案された計画を科学的に評価する立場にある．科学委員会は事務局から独立した第三者機関であることが望ましい．日本国内の諸事業に関する有識者委員会の場合には，委員会が同意すれば事業はお墨付きを与えられる．しかし，世界自然遺産ではIUCNが評価するのであり，科学委員会はIUCNに認められるような対処方法を助言する立場にある．

愛知万博の環境影響評価検討会でも同じ関係であった．私はこの委員でもあった．愛知万博では，国内検討会が条件付きで認めた計画をパリの博覧会国際事務局が批判し，環境影響評価法の通常の手続きを外れて，大幅な計画見直しを余儀なくされた（松田，2000）．すなわち，科学者の検討会は十分な役割を果たせなかった．しかし，愛知万博の場合は環境団体が万博計画の

対案を示して建設的な合意形成に直接参画した点で，歴史を画する成果が得られた（町村・吉見，2005）．

知床世界自然遺産でも，当初はIUCNからきた書簡が科学委員会に周知されず，科学委員会が自主的にまとめた意見を事務局が無視して返答し，IUCNから再度書簡がきて初めて科学委員会の見解が反映された対処方針が事務局からIUCNに回答され，ようやく登録に至った（松田，2005）．その後も，科学委員会が一致して推薦した人材を作業部会（ワーキンググループ）に加えることができないなど，混乱が続いた．

科学委員会は一致して，世界自然遺産登録とIUCNに認められる管理計画の策定を目指して建設的な助言と立案を進めている．北海道では，エゾシカ保護管理検討委員会でこのような科学委員会の助言にもとづく管理計画の策定と見直しが1998年から行われている（梶，2000）．管理計画の理念と長期展望の提示，実現可能性の吟味，合意形成のための科学的知見の提供など，第三者機関としての科学委員会が果たしうる役割は大きい．

（3）生態系管理としての知床海域管理

海域管理計画づくりには，いわば「二重の制約」が課せられていた．報道によれば，政府は漁協に世界自然遺産にともなう新たな規制なしと公約していた．他方，IUCNは海域生態系の保護強化を求めている．この両者を同時に満たす解は，漁協が自ら保護強化するしかない．

幸い，絶滅危惧種であるトドの捕獲にはIUCNから異論がなかった．代わりに，トドの主要な餌生物であるスケトウダラをいっそう保護するよう求めてきた．総じて，ダム問題と観光客問題に対処すること，3年後の海域管理計画策定を急ぐこと，そのなかで海域保全の強化方策と海域部分の拡張の可能性を明らかにすること，そして2年後に調査団を迎えることがユネスコ総会での登録の際に求められた．

知床世界自然遺産は，海と陸との生態系の相互作用，北半球で最南端の季節海氷区域であることが評価されている．トドが回遊する季節海氷域という特徴は，IUCN評価書も指摘するように，北方四島にもあてはまる．また，スケトウダラの資源管理を考える際にも，これらの水域との連続性は明白である．したがって，①陸と海との生態系相互作用の保全と②知床周辺の海洋

生態系保全が主たる目的となる．他方，世界遺産地域の人間活動との調和を図ることが必要であることから，③持続的漁業の維持と④観光資源の持続的利用も目的に加えるべきだろう．

　生態系管理計画には，(I) 管理の主体と対象，管理理念（目的），(II) その目的を達成するための具体的な目標，(III) その目標の達成度を調べるための調査項目と (IV) 評価基準，および (V) 生態系の将来の状態如何により目標達成のために必要な順応的な対処，が必要である．順応的な対処とは，将来，調査項目が予定どおりに達成できなかった場合に打つべき手をあらかじめ決めておくことである．生態系管理には不確実性をともなうことから，さまざまな未来の状況を想定し，対策を事前に準備することが必要である．

　この官製（トップダウン）の管理計画を補うものとしての漁業者の自主管理の実情を記述する必要がある．すなわち，すでに行われている自主管理の要点を明記し，上記管理計画のうち，調査，評価，順応的対処をどのように自主管理が補完できるかの担保を記すべきである．

　とくに対処すべき問題は，(A) サケ科魚類野生繁殖魚の河川遡上を促し，(B) サケ類漁業の自主管理の評価指標を明記し，(C) スケトウダラなど主要漁業の自主管理の実情を記述し（図5.1），(D) 沿岸漁場整備の指針を明記し，(E) 海洋行楽利用の適正化を図り，(F) 海鳥類と鰭脚類の混獲・捕

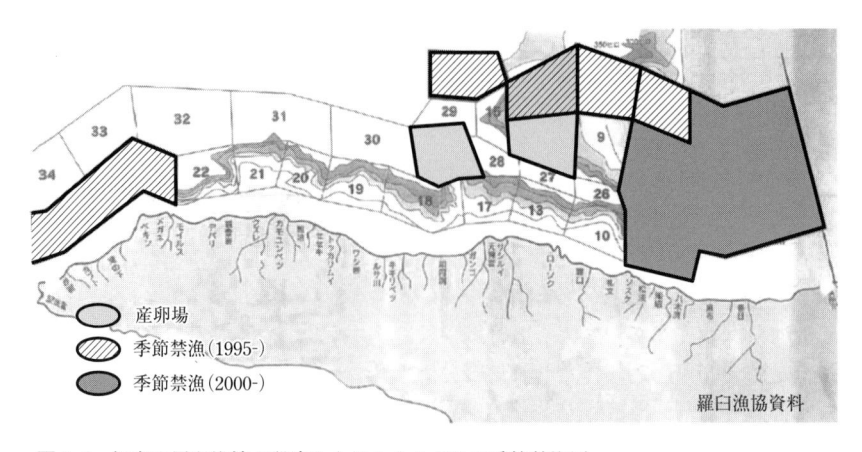

図 5.1　知床の羅臼漁協が設定したスケトウダラの季節禁漁区．

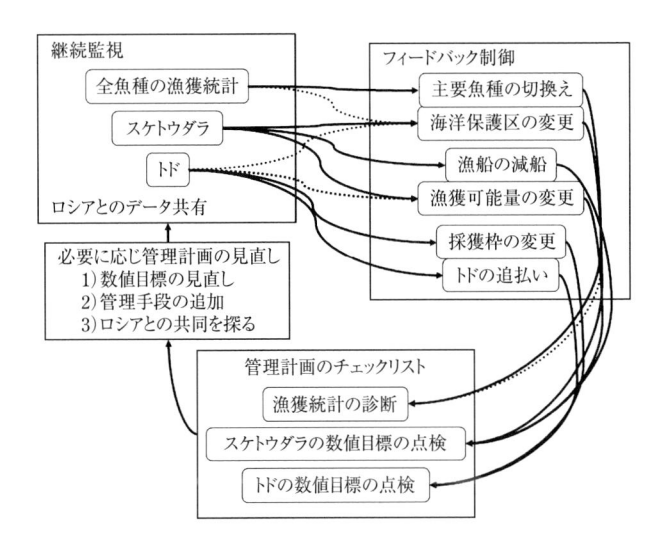

図 5.2 海域管理計画の概念図（私案）．

獲管理の評価基準と順応的な対応指針を明記し，(G) 漂流漂着ゴミの由来を調べる，ことがあげられる．それらは上記4つの目的と図5.2のように関連付けられるだろう．各懸案を保全と利用の2つの目的に関連付けていることに注意してほしい．

　このうち，(A) については河川工作物による繁殖魚遡上への影響を評価し，遡上を促進する措置を図ることと並行して，2007年夏までに科学委員会として (B) を含めたサケ・マス管理計画を作成する必要がある．(C) についてはすでに自主管理として行われているが，評価基準は本管理計画として策定すべきである．(E) の行楽利用については漁業者ではなく，観光業者が自主管理指針を利用適正化委員会で策定している．さらに，(D)，(F) および (G) も含めた海域管理計画が必要である．

　2006年6月12日から16日にかけて，ニューヨーク国連本部において第7回「海と海洋法条約に関する非公式協議」が開催され，国連海洋法条約における生態系アプローチのあり方が議論された．米国NOAAのムラウスキー博士は，生態系アプローチには管理の諸目的を達成したかどうかを判定できるような管理の基準と指標が必要であり，それは可能であると指摘した．ま

表5.1 国際自然保護連合（IUCN）による保護区のカテゴリー．

Ia	厳正自然保護区	（Strict nature reserve）
Ib	原自然地区	（Wilderness area）
II	国立公園	（Natural park）
III	自然記念物または特徴	（Natural monument or feauture）
IV	生息地／種の管理地区	（Habitat/species management area）
V	保護された景観	（Protected landscape/seascape）
VI	自然資源の持続的利用をともなう保護区	（Protected area with sustainable use of natural resources）

た，生態系アプローチには生態系の全構成要素の種間相互作用を考慮した複雑なモデルが必要であるという「神話」は誤りであると述べ，必要な要素だけを取り込んだ単純な数理モデルが有効であると説いた．さらに，海洋保護区は生態系アプローチの本質的な要素であるという「神話」にも異を唱え，資源管理を成功させるために海洋保護区の設置は必須ではないと述べた．

海洋保護区の定義にもよるが（表5.1），いわゆる全面禁漁区（No-take zone）は必須ではないし，海洋保護区には日本の国立公園や海域公園も含まれ，定義は多様である．前近代から，日本の漁業では沿岸域をあまねく利用するのではなく，一部の地域を聖域にしていたとも聞く．また，実際に知床羅臼漁協が行っているように，産卵場を保護し，一部の漁場を早く閉めるなど，実質的な禁漁区を設けている．

総じて，図5.2のように，必要な管理要素だけに絞り，その目的に即した検証可能な指標を設定することが重要である．

サケ科魚類に関しては，法令および規則にもとづくなんらかのかたちでの保護管理措置の実施，人工孵化放流による資源の増殖の実施，漁業権による漁業管理措置の実施，資源の適正な利用に向けた漁業者の自主管理措置への支援，そしてサケ類の稚魚放流期および混獲魚の再放流のような親魚遡上期における河川環境などの保全がすでに実施されているが，種苗放流は持続可能な漁業を支えるとしても，健全な生態系を直接支えるものではない．自然遺産の保全措置として位置づけることは適切ではない．

スケトウダラ漁業については，漁協による自主管理のほかに漁獲可能量（TAC）を定めているが（図5.3），国後島側の漁場では漁法のまったく異なる大型トロール漁業が存在するにもかかわらず，ロシア水域での分布・回遊

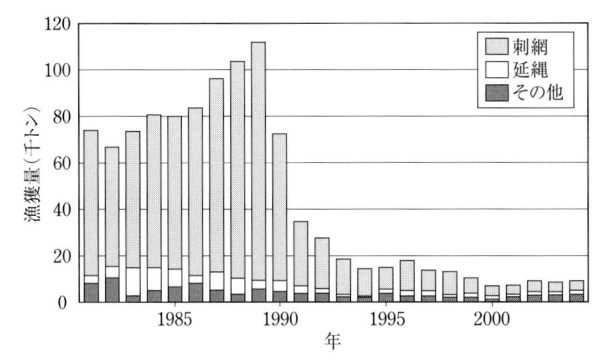

図 5.3 スケトウダラの根室海峡系群の漁獲量の漁法別の年次変化（1981-2004年，八吹，2005より）．

の情報が欠けており，「本海域のように狭い海域で，産卵群を対象に漁獲を行えば，その効率は索餌期に比べれば高い」と考えられる（八吹，2005）．この状態を改善するためには，理想としては，日露にまたがるスケトウダラ個体群を二国共同で管理する必要がある．そのために，まず，研究者間・漁業者間ならびに政府間の交流を始めることが重要であろう．

（4）世界自然遺産地域での資源管理

知床は，日本の世界自然遺産では初めて海域を含めて登録された．そこでは有史以前から先住民により漁業が営まれ，現在でも漁業は羅臼町と斜里町の主要産業である．他方，登録申請時に公表された知床世界自然遺産候補地管理計画には「生態系の自然状態における遷移と循環を維持・保全することを基本とする」と記されている．これは人間活動を完全に排除するという意味ではないが，人間活動がないときの状態を基本とすることを意味する．

そのために，埋め立て行為などの自然公園法による規制，海洋汚染の水質汚濁防止法などによる防止，海面および内水面における有害物の遺棄または漏泄の漁業調整規則による禁止，漁業権設定漁場における岩礁破砕や土砂採取などの行為の制限が管理計画案に盛り込まれるだろう．これらは，深刻または不可逆的ないわゆる土地改変を避けるために必要である．海洋保護区の定義は多様であるから，これらにより，登録海域全体を海洋保護区と位置づけることも可能である．

それ以外の漁業と行楽利用に関しては，必ずしも不可逆的な影響とはいえないが，過剰利用を避け，持続可能な水準を維持することを担保する必要がある．それが管理計画の役割である．

知床の陸域でも，エゾシカの個体数がかつてないほどに増え，自然植生に不可逆的な影響を与えているかもしれないと科学委員会で議論されている．これは屋久島や大台ヶ原など，ほかの世界自然遺産地域や原生自然林の周辺でも共通している（湯本・松田，2006）．

生物多様性保全の意義は生態系サービスを通じた人間の福利への貢献とよくいわれるが（World Resource Institute, 2005），豊かな生物多様性が残されていることは，先人たちが持続可能な人と自然の関係を築いてきたことのなによりの証拠である．持続可能性は国際的な合意事項であり，生物多様性を保全することは，そのような先人たちの遺産を今後も引き継いでいくことを意味している．知床のように陸海ともに人間の影響がある程度存在する地域が自然遺産に登録されたことは，まさに伝統的な人間と自然の持続可能な関係が評価されたと理解される．

このような経緯から，人間活動を完全に排除することが世界自然遺産の目的ではない．持続可能な漁業を可能にする海域管理計画が必要である．

同時に，国家の管理計画を補完する漁業者の自主管理の果たす役割は大きい．これは最近，国際的にも評価されつつある．背景には，日本の沿岸漁業と欧米の漁業との制度の相違がある（Makino and Matsuda, 2005）．これを，英語で，彼らの水産学の文脈で説明し，IUCNなど国際的な理解を得ることが肝要である．

（5）今後の課題

海域管理計画においては，漁獲可能量などの官製（トップダウン）の管理と漁協の自主管理の関係を明示することが問われている．これは漁業管理理論において普遍的に重要なことであり，かつ，日本の漁業権制度の特徴を分析するという点で，欧米に先行研究のない課題である．知床では，新たな規制なき保護強化という二重の制約から，図らずも自主管理が漁業管理制度において果たす意義を世界に明示する必要性に迫られたのである．

その際，最大の問題は，スケトウダラ根室海峡系群の資源管理効果解析で

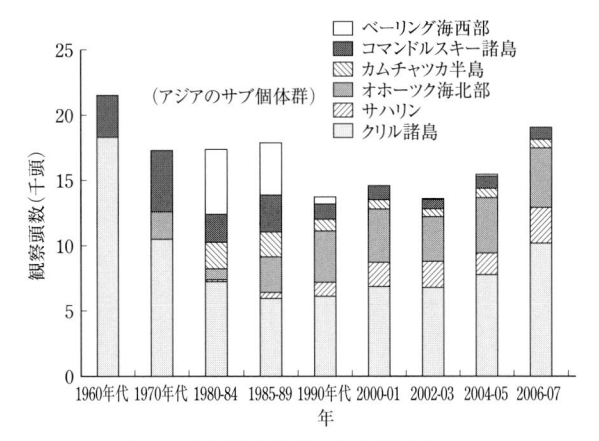

図 5.4 トドの西太平洋個体群の個体数変化（Burkanov and Loughlin, 2005 および Burkanov *et al.*, 2008 にもとづき服部［未発表］が作図）.

あり，資源回復計画の立案である．これは TAC 制度の懸案事項だが，自主管理による産卵場保護の効果とロシア側の漁業の影響評価が必要である．

また，サケ類の種苗放流効果の検証実験も具体的な実験計画を 2007 年に求められた．順応的管理とは，たんに状況を見て臨機応変に方策を変えるということではない．現状に関する認識を仮説として明示し，それを期限を区切った将来に検証するための具体的な調査計画を立て，管理を実施しながら仮説を検証することが求められる．これを「為すことによって学ぶ」という（松田，2000）．

トドの西太平洋個体群については，現在では個体数が回復傾向にあり，近い将来絶滅する危険は少ないと考えられる（図 5.4）．また，知床近海への来遊数は最近はそれほど多くなく，漁業被害も大きくない．しかし，将来も知床世界自然遺産海域への来遊数が増えないとは限らない．将来に備えて，根拠のある管理計画の構築を準備すべきである．その際，捕獲頭数，海没などによる死傷数を正確に把握することである．捕獲数をゼロにする必要はなく，少数であれば問題はないが，報告漏れなどがあると無責任漁業という国際的な批判を招くおそれがある．このような批判が勃発すれば，きわめて困難な状況に陥るだろう．

第6章　これからの海洋保全生態学
——海洋国家の役割

6.1　外来種の生態リスク

（1）人間活動が水圏生態系におよぼす悪影響

　2002年に改訂された日本の生物多様性国家戦略には，生物多様性の喪失を招く「3つの危機」として，「人間活動に伴う負のインパクトによる生物や生態系への影響」，「人間活動の縮小や生活スタイルの変化に伴う影響」，「移入種等の人間活動によって新たに問題となっているインパクト」があげられている．日本の里山は弥生時代から続く二次的自然であり，燃料革命まで薪炭林を利用し続けてきた．水田（とくに中山間地域の棚田）には湿地性の動植物が生息し，未利用の湿地の多くが開発されたために，水田が絶滅危惧種の宝庫として保全上の価値を持つことになった．2004年に制定された特定外来生物法では海外から導入された外来種に限っているが，本来は外来種の脅威には国内移入種も含まれる．そして，淡水生物では河川ごとに生息地が分かれており，種苗放流事業によってほかの河川からの移入が大きな問題となっている．したがって，水産分野においては，国内移入種問題も重要な検討課題である．

　生物多様性には，種内変異をもたらす遺伝的多様性，種の多様性，それにさまざまな生態系が隣接する豊かな景観の3つのレベルがある．種苗放流事業では，ごくわずかの親から育てた種苗を放流することがあり，その場合には遺伝的多様性が損なわれ，さらに別の地域の遺伝子を持つ魚を導入することがある．

　里山と並んで里海という言葉があるが，これらは相違点も多い．どちらも，

人為的影響を受けて生態系機能が原生自然から変化し，一部の生態系サービスを高めている場所と考えられる．しかし，里山が上記のように生物多様性の宝庫と位置づけられることがあるのに対し，里海にはそのような役割は少ない．

（2）海域におけるバラスト水問題

20世紀に海外貿易が発達するとともに，外来の微生物と細菌が船舶によって非意図的に導入され，世界各地で赤潮ほか生態系破壊などの深刻な問題を引き起こした（図6.1）．船舶は船体の安定のために海水を船体の専用タンクに封入し航行している．これがバラスト水である．このバラスト水への混入と船底への付着が，微生物や細菌の非意図的導入の主要因と考えられる．

2004年2月13日に海洋環境保護委員会（MEPC）において，船舶バラスト水中に含まれる動植物の排出低減を目的とした「バラスト水管理のための国際条約（以降，バラスト水管理条約）」が採択された（松田・加藤，2007）．この条約では，船舶のバラスト水および沈殿物を通じ，有害な水生生物など

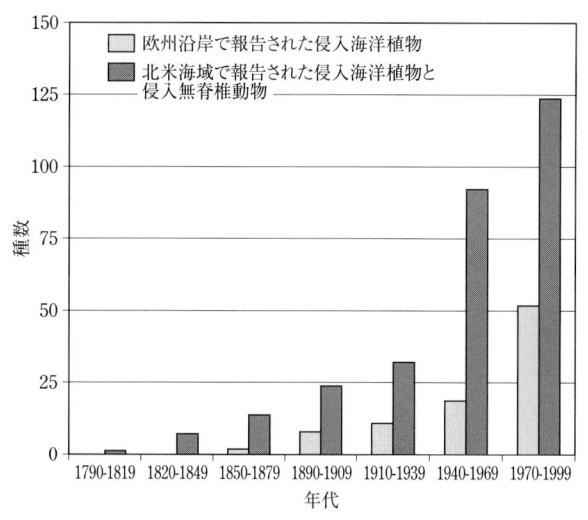

図6.1 海洋の欧州沿岸で報告された侵入海洋植物と北米で報告された侵入海洋植物と侵入無脊椎動物の種数の年次変化（国連ミレニアムエコシステム評価，2007より）．

の移動により生じる生態系への影響を最小化し，船舶がバラスト水交換を行う場合には表6.1の海域で交換を行い，船舶がバラスト水を排出する場合には，含まれる水生生物の量を基準値（表6.2）未満とすることなどが定められた．しかし，とくに短期間の航海の場合，海象・気象条件によっては表6.1を満たすバラスト水交換が事実上不可能な場合がある．したがって，各船舶は表6.2に定める装置を備えなければならず，技術的にも費用の面でも多くの困難をともなうことが予想される．

　松田・加藤（2007）は，香港および北米から日本に航行したコンテナ運搬船よりバラスト水試料を採取し，混入した海洋微生物の排出基準値への適合可能性を評価した．その結果，漲水前に洋上でバラスト水の総入れ替えを行った試料に関しては，排水中の微生物個体数がきわめて低かった．また，排水中の微生物量を左右する要因は残渣に潜んでいる個体数であると考えられ，残渣を調査することでバラスト水による外来種侵入の詳細が明らかになると期待される．

表 6.1 海洋環境保護委員会（MEPC）「バラスト水管理のための国際条約」が定めたバラスト水交換海域（松田・加藤，2007 より改変）．

(1)	原　則	陸岸から 200 海里以上離れ水深 200 m 以上の海域
(2)	(1) の海域で交換不可能な場合	陸岸から 50 海里以上離れ水深 200 m 以上の海域
(3)	(1)，(2) の海域で交換不可能な場合	寄港国が定めた交換海域

船舶は，(1)，(2) の海域でバラスト水交換を行う場合，予定の航路からの離脱，迂回をする必要はない．

表 6.2 MEPC「バラスト水管理のための国際条約」が定めた装置による処理を行った場合の排出基準（松田・加藤，2007 より改変）．

対象水生生物	排出基準	備考
50 μm 以上の水生生物（おもに動物性プランクトン）	10 個体/1 m³ 未満	外洋の海水に含まれる水生生物よりさらに少ない基準
10-50 μm の水生生物（おもに動物性プランクトン）	10 個体/1 mL 未満	
病原性コレラ 大腸菌 腸球菌	1 cfu/100 mL 未満 250 cfu/100 mL 未満 100 cfu/100 mL 未満	日本の海水浴場の基準よりやや厳しい基準

cfu：寒天培地基を用いてその平板上に検水を塗布し形成される群体数．

洋上交換（バラスト水の外洋航行中の交換）は外来種問題への有効な対策の1つであり，多くの船舶で実施されている．しかし，外洋航行中のバラスト水交換は海象・気象状況によっては危険をともなう．このため，バラスト水排水前に水中の海洋微生物を処理する方法として，物理的処理（熱，超音波，紫外線，銀イオン，電気など），機械的処理（メッシュによる濾過など），化学的処理（オゾン，酸素除去，塩素など）など，さまざまな技術の研究開発が進められているが，とくに既存の船につけるのは困難である．

バラストタンク内は微生物が潜伏するのに適した構造をした部分が多く，微生物はタンク内残渣に潜伏し，長期間の航海を経ても船外に生きて排出されることがある（Smith *et al*., 1999）．松田・加藤（2007）によると，体長10-50 μm の微生物に関しては国際条約に定められた基準値の達成は困難でない．しかし，体長 50 μm 以上の微生物は，基準予定値の数百倍以上存在しており，処理技術の開発と実用化が必要である．

バラスト水からの微生物侵入リスクをゼロにはできないとすれば，洋上交換を推奨し，海象・気象条件によっては交換を免除する指針を設けるという選択肢も検討しうるだろう．この場合は海象により洋上交換をしないバラスト水が海外から持ち込まれる．しかし，費用対効果は高いかもしれない．

外来種の場合は，本来は，移入リスクを徹底してゼロにするのが鉄則である．いったん移入定着した外来種を根絶するのは膨大な労力が必要であり，新たな侵入種を水際で阻むほうが確実であり，経済的である．上記のバラスト水管理条約もリスクゼロを目指しているように見えるが，技術的に未熟であり，かつ，膨大な費用がかかる．実施できるならば防いだほうがよいが，つくった条約が実行されなければ，けっきょくは生態系を守ることはできない．重要なことはほぼ実行できる規則をつくり，確実に実行させることである．その後の実施状況が注目される．

その他，船底などにフジツボなどが付着することでも外来種問題が生じる．付着生物は船の燃費にも影響するため，これを除去するための船底塗料に有機スズ（トリブチルスズ；TBT）が使われた．これは生物の付着を防ぐ意味では効果的だったが，沿岸の新腹足類の雌を雄化させるなど強い内分泌攪乱作用があり，1980年ごろから規制され始めた．

6.2 環境にやさしい漁業とは

日本の漁業を見ていると，いつも環境対策が後手に回っているように見える．新たな環境問題が生じたときに，つねにそれを漁業への障害と見なしているように見える．乱獲で激減した大型鯨類の保全のために設けられた国際捕鯨委員会（IWC）において，生態系保護や倫理問題により捕鯨の全面禁止が指摘されると，環境問題を持続可能な漁業の障害物ととらえるようになった．ワシントン条約で鯨類，ウミガメ類，ヨーロッパウナギなどの水産資源が規制されることにも，ワシントン条約は水産資源になじまないという態度をとり続けている．マグロ類の国際資源管理についても，大西洋（ICCAT）やミナミマグロ（CCSBT）などの国際条約に比べて，中西部太平洋での取り組み（WCPFC）は遅れて始まった．アユなどの種苗放流事業による遺伝子汚染，サケ科魚類の孵化放流事業，トドや海獣類の駆除や混獲の防止策，海山などの底曳トロール漁業などについて，環境保護運動を漁業に敵対するものとしてのみとらえ，自ら「環境にやさしい漁業」への対応を積極的にとっているようには見えない．ウナギやサンマなど，中国や韓国が本格的に利用する前に国際条約を築き，日本主導で国際管理すべき資源は，生産，消費両面での日本の独占的地位が失われるまで，なんの対策もとっていないように見える．

水産物も基本は自由貿易であり，乱獲された水産物も，管理された水産物も市場に出回れば区別がつきにくい．そのため，国際的な環境団体は農林水産物の自由貿易には批判的である．農林水産物の生産実態に一定の環境基準を設けて，それを満たすものだけを輸入するようにすれば，日本の漁業をある程度守ることができる．労働賃金の格差は埋めようがないが，少なくとも，便宜置籍船による乱獲や海岸生態系を破壊してつくった養殖水産物の輸入を制限することは可能だろう．

また，消費者が選択できるようにする「エコラベル」も有効である．海外では海洋認証制度（MSC）や海にやさしい水産食品（http://blueocean.org/seafood/）や環境と健康によい水産食品（http://www.environmentaldefense.org/tool.cfm?tool=seafood）という紹介がある．意外なことに，養殖魚は必ずしも批判されていない．日本でも，マグロ漁業では「責任あるまぐろ

漁業推進機構」(OPRT)，大日本水産会でも「マリン・エコラベル・ジャパン（Marine Eco-Label Japan；MEL ジャパン）」というエコラベルを提案した．

　無条件で外国の水産物の輸入を規制することはできないが，「環境にやさしい漁業」を守るという趣旨ならば，世界の環境団体がこれを支持する．自動車の排ガス規制などでも，1970 年に米国はきわめて厳しい排出基準を 1976 年から課すマスキー法を成立させた．実際には米国でなく，日本企業がこの基準を満たす車種を開発し，実施前に廃案に追い込まれた．

　最初に述べたとおり，持続可能な漁業は豊かな生態系の賜物である．海洋生態系の保全は持続可能な漁業を守るために必要なことであり，「環境にやさしい漁業」から得られた水産物に輸入を制限することは，自国の漁業を他国で乱獲している漁業との過当競争から守ることに通じるはずである．そのためには，国内漁業の環境基準を上げる必要がある．それは，海洋生態系を保全するうえでも効果的である．日本政府が持続可能な漁業とそのための環境保全措置を支援し，持続不可能な漁業による水産物の輸入を制限すること，すなわち，「環境にやさしい漁業」を育てることが，日本漁業の未来を保障する唯一の道である．

　外来種問題も，共通の枠組でとらえることができる．上記の自動車の排ガス規制と同じく，みながしたがわねばならない公正な規則であれば，それが厳しくても，産業界は対応できる．日本はまだ世界一の水産物消費国である．日本が高い環境基準をつくれば，世界はそれにしたがわざるをえない側面があるはずである．日本は海洋国家である．外来種の侵入を防ぐことは，日本の生態系を守るうえで必要なことである．われわれ自身が，このような環境意識を強く持つことが，持続可能な漁業を守るうえでも重要である．

6.3　COP10 と「生態リスク COE」の取り組み

（1）COP10 の「成功」

　生物多様性条約（CBD）の第 10 回締約国会議（COP10）が 2010 年 10 月に名古屋で開催された．CBD には「2010 年までに生物多様性の喪失を顕著

に減速させる」という 2010 年目標があった．COP10 はその評価となる節目の年であった．前年の 2009 年にコペンハーゲンで開催された気候変動枠組条約の COP15 では先進国と途上国が激しく対立し，十分な合意を得られなかったといわれる．今回も生物資源から得られる利益の公正な分配（ABS）や海の保護区面積の数値目標をめぐって，事前会合でも激しい対立が報じられた．

　COP10 最終日にあたる 10 月 29 日を越えた 30 日未明になって，ABS をめぐる名古屋議定書と 2010 年目標を継ぐ愛知目標が合意された（図 6.2）．内容はさておき，合意したことはたいへんよかった．合意をもたらした要素は 4 つあった．各締約国の生物多様性保全をめぐる危機感，内容を問わずとにかく合意したいという日本政府の熱意と完璧ともいえる会場運営，市民ボランティアの協力，そして日本など先進国の途上国への資金援助である．

　27 日に菅首相（当時）が演説した．特筆すべきは，生態系サービスという言葉を使わずに「自然の恵み」（gift of nature）と表現していたことである．そのほかにも，生きものの折り紙（図 6.3）など，日本人にとっての身近な例での説明に努めていた．2 年前のボンでの COP9 では生態系サービス（ES）の経済評価（TEEB）が強調された．今回もその取り組みは進んだ．アル・ゴア氏は（気候変動に対する）人間の取り組みを「倫理の問題」とい

図 6.2　COP10 で愛知目標を合意し，木槌を突き上げる松本環境相（当時）．

図 6.3 生きものの折り紙をあしらった COP10 のロゴ.

ったが，経済的に割に合わなくても，自然の恵みを次世代に残すという取り組みの切迫性は世界の合意を得られるであろう．

　反面，科学者が重要な役割を果たしたかどうかは疑問である．COP10 では UNFCCC（気候変動枠組条約）の IPCC に匹敵する IPBES（生物多様性と生態系サービスに関する政府間科学政策プラットフォーム）をつくった．しかし，これでは締約国間の対立は解消するどころか，コペンハーゲン（気候変動枠組条約の COP15）のようにかえってこじれるかもしれない．科学者の役割は聖職者のように善を語ることではない．1 つの宗教の信者ばかりならそれでよいかもしれないが，多様な価値観の合意を図るには，IWC（国際捕鯨委員会）や ICCAT（大西洋まぐろ類保存委員会）の科学委員会の役割のほうが明確である．これらは親捕鯨と反捕鯨などの対立があり，双方の立場の科学者が数字で議論し，合意文書をまとめて総会に勧告する．IWC では科学委員会の勧告を総会が無視していて，それは問題だが，科学者どうしが妥協して解を探すという役割は明確である．IPCC や IPBES は科学者が一方の側に立っているように見える．多様な価値観の尊重は横浜国立大学の私たちの COE が掲げるアジア視点でも標榜し，CBD でも生物文化多様性として重視されている．

(2) 私たちの「生態リスク COE」の取り組み

COP10 に向けて，さまざまな取り組みが内外であった．

日本生態学会が呼びかけた生物多様性観測ネットワークの国内組織 J-BON（Japan Biodiversity Observation Network；図 6.4）は，環境省予算でアジア太平洋諸国のネットワーク AP-BON（Asia-Pacific Biodiversity Observation Network）を支えている．これらの取り組みが環境省生物多様性

図 6.4　J-BON 結成集会．

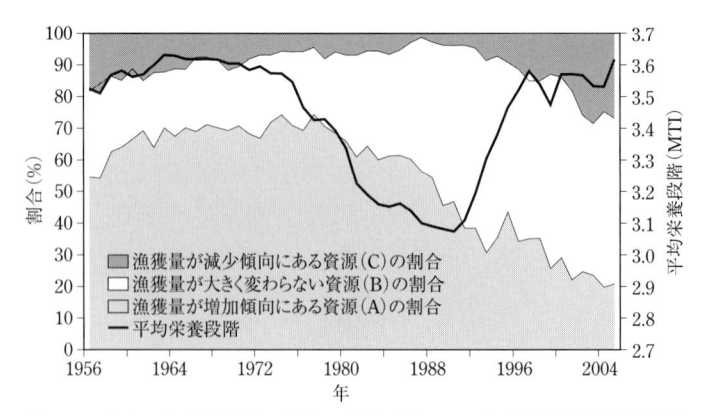

図 6.5　日本の水産資源別の漁業の状態（面グラフ）と海洋栄養段階指数（MTI，折れ線）（環境省，2010 より作成）．

総合評価検討委員会によるJapan Biodiversity Outlookとして公表された (図 6.5). 私は検討委員に加わり，日本生態学会としてCOP10交流フェアで展示を行った．

国連大学高等研究所が進めた里山里海評価では，日本の持続可能な資源利用の取り組みが，横浜国立大学が翻訳した国連ミレニアムエコシステム評価 (2007) の構図に沿って分析された．また「SATOYAMA イニシアティブ」がCOP10の「生物多様性」に関する合意文書のなかに特記された．そのなかで，ユネスコMAB (人間と生物圏) 計画との連携が推奨された．MAB計画は鈴木邦雄横浜国立大学学長が日本ユネスコ国内委員会MAB計画分科会の主査を務められ，私が鈴木学長から計画委員長を引き継ぎ，MAB計画委員会事務局は酒井暁子横浜国立大学准教授が担っている．COP10でも，10月20日に本会議第2会場 (図 6.6) で194名を集めてMAB関係のサイドイベント (副行事) を開催し，横浜国立大学から鈴木学長と私が登壇した．ユネスコのアナ＝パーシック氏が基調講演し，生物多様性だけでなく文化多様性の重要性を指摘した．たがいの価値観のちがいを認め，生物多様性の持続可能性という世界の目標を定めることが大切である．私はこの会合の最後に，「利害関係者が対立しても，現場をともに訪れて議論すれば，合意が得られることが多い．まさに生物圏保護区は自然の学校である．しかし，

図 6.6 COP10本会議第2会場 (白鳥ホール) で開催された文科省と横浜国立大学共催のMAB計画に関する副行事．

COP10 では現場を持たない学者と政府代表が議論して，対立を解消できないでいる」と述べた．教条にとらわれず，現場を見て合意できる実践的な解を求めることこそが科学者の役割であるということも，私たちの COE の理念である．10 月に MAB 計画委員会は日本ユネスコエコパークネットワーク（J-BRnet）を立ち上げた．

（3）海洋保護区をめぐる議論

COP10 のもう 1 つの論点は海洋保護区（MPA）であった（岸田ほか，2012）．Census of Marine Life（CoML）というプロジェクトが 2000 年から 10 年かけて海洋生物の全球調査を実施し，日本の海洋生物多様性は調べられたなかでもっとも高いという結果が出た（図 6.7）．同時に，CoML では「2048 年までに世界の水産資源が枯渇する」という予測も出され（Worm *et al.*, 2006），世間を騒がせたが，CoML 内部の議論を経てこの予測は見直され，この論文の著者自身が「世界の漁業の再建」という別の論文を出した（Worm *et al.*, 2009）．

COP10 の愛知目標では，沖合も含めた海域の 10% を保護区とすることが合意された．その過程で，私は Pew 環境グループ主催のサイドイベントにおいて，クロマグロの産卵親魚を産卵期に保護することも MPA と認めることで，主催した反捕鯨論者として有名なリーバーマン博士と合意し，その旨

図 **6.7** 2010 年 10 月，ロンドンでの CoML 最終会議．

講演した．実際，愛知目標には「保護区またはそれに類するもの」という文言が明記された（図 6.8）．このように，立場の異なる科学者どうしの妥協は COP10 でも有効であった．

10 月 24 日には，CBD 事務局と国連大学高等研究所主催の Sustainable Ocean Initiative というワークショップで，日本の沿岸漁業の長所を『日本書紀』に載る最古の MPA，生態系管理としての魚付林，自主的海洋保護区の手始めは順応的に小規模から（京都ズワイガニ漁業），行政・漁業者・研究者が一体となった週代わりの MPA（愛知イカナゴ漁業），知床世界自然遺産が示す科学委員会の役割など，日本の漁業と水産学者の具体的な取り組

図 **6.8** 2010 年 10 月 20 日，COP10 で Pew 環境グループ主催の副行事のようす．

図 **6.9** CBD 事務局と国連大学高等研究所が共催した COP10 の非公式会議．

みを紹介した（図6.9）．この知床世界自然遺産の取り組みは，日本漁業の共同管理の例として世界に広く周知できた（Makino *et al.*, 2012）．

このほか，COP10直前に横浜国立大学の及川敬貴氏が「生物多様性というロジック——環境法の静かな革命」を出したことも大きな反響を呼んでいる．また，国立環境研究所の五箇公一氏を中心とした外来種関係の行事も注目を集めていた．

6.4　COP10と海洋保護区

（1）マサバ資源管理の失敗

私と東京大学名誉教授の月尾嘉男氏とのつきあいは1996年くらいに愛知万博の準備をするときからである．月尾氏が計画委員にかかわっていたことから呼んでいただき，それ以来のつきあいである．久二野村水産の野村譲氏と最初に会ったのは，北海道大学の桜井泰憲教授のところで夏の学校というのをやったときに，現地研修ということで久二野村水産を訪問したときであった．その後，2008年の横浜での世界水産学会議のときに野村氏に会い，2010年の地球生き物会議COP10でも会う機会を得た．私は，道南の渡島半島のヒグマ保護管理計画検討専門分科会委員や知床の世界自然遺産といったものの委員もさせていただいている．専門はそういう意味でコンピュータを使って計算することである．現場を見ないで計算機実験をやってしまうという場合が多々できるので，ぜひ，もっとこういうことを現場にもとづいて考えてほしいというご批判をどんどんいただければありがたい．

これから述べる私の意見と同じ考え方は，おそらく水産庁内でも増えてくるだろうと思っている．いわゆる規制改革による漁業改革の提言にも一理ある．たとえば，沖合漁業もまったく儲かっていないし，マグロも減っていて，イワシまで獲りすぎたといわれているような状態では，改革が必要だと思う．日本がいくら歴史的に古くから自分で自分の漁業を律してきたといっても，遠洋沖合漁業に関しては，あれだけ大きな動力船や魚群探知機を使ってやる漁業はまだそんなに歴史があるわけではない．やはり，それはある程度は国が責任を持って管理をするという方法がよいのではないかと思う．しかし，

それと沿岸の話はちょっと別ではないかと思っている．じつは，それが日本の裏側，チリの教訓だと私は考えていて，それを紹介する．

　私はCOP10のときは水産学者というよりは生態学者として参加し，環境省のいろいろな委員会でCOP10にかかわってきた．生態学者も当然に漁業は要らないとはだれもいわない．沿岸をどうやって守ったらよいのかというのが中心である．私は講義でよく，図6.10のようにマサバの写真を見せて，聴衆にどちらが太平洋のマサバかを答えてもらう．横浜国立大学で講義すると3割くらいの学生が正解である．じつは，ここに写真がないほうが日本のマサバである．もう1つが大西洋マサバで，だいたいの人はこちらの大西洋マサバのほうをよく見ているので，こちらを日本のマサバだとまちがってしまう．「日本の食卓に載るマサバの大半はノルウェー産」と説明しても，見慣れたほうを太平洋マサバだとまちがってしまっている．これは問題である．

　私は一時期，水産庁の中央水産研究所にいた．そのときにマサバの資源管理というテーマで計算機実験をしていた．マイワシは1930年代に多くなって，その後どんどん減っていった．マサバは1970年代に多かったが，マイワシが増えるとともに減っていった．これを魚種交替という．今はマイワシもマサバも少なく，カタクチイワシ，アジ，サンマ，スルメイカが多い状態が続いている．水産資源学の教科書には「最大持続生産量（MSY）」という

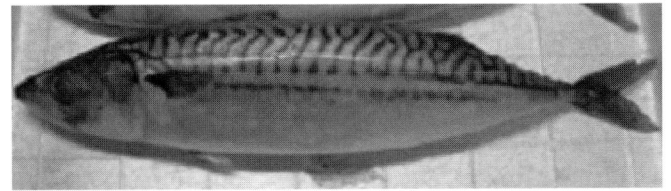

図 6.10　大西洋マサバと太平洋のマサバ．どちらが太平洋か？

言葉があって,「このくらいほどほどに獲っていればずっと獲れる」というような話があったのだが,おそらく漁民はそんな話は信じていないのではないかと思う.

実際に,このような大きな変動があるのは自然現象ということになる.マイワシは,1980年代にはおびただしい資源量であり,0歳,1歳,2歳,3歳といて,高齢ほど少ないという典型的な人口ピラミッドになっていた（p. 54,図2.12を参照）.日本人の人口ピラミッドは釣り鐘型で,中年のほうが子どもよりも多い.さらに,これから高齢者もずっと多くなっていくようである.

マサバは1970年代に多かったのだが,1980年代に減って,その後にマイワシが増え,さらにマイワシも1990年代で減る（図6.11）.この図を見ると,どんどん減っていったのがわかるが,1992年にはそれなりに0歳魚がいた.また,1996年にもいた.これらは,水産学では卓越年級群という.たとえば,植物学者のブナの研究者は「成り年」のようにいう.それはどちらでもよいのだが,1992年と1996年に成り年があった.これを大事に育てれば,資源はひょっとしたら1980年代並に回復しただろう.そのときに私のコンピュータ上では,みごとにマサバが回復していくというようなシミュレーションが出たのである.それで実際にはどうなったかというと,年齢別

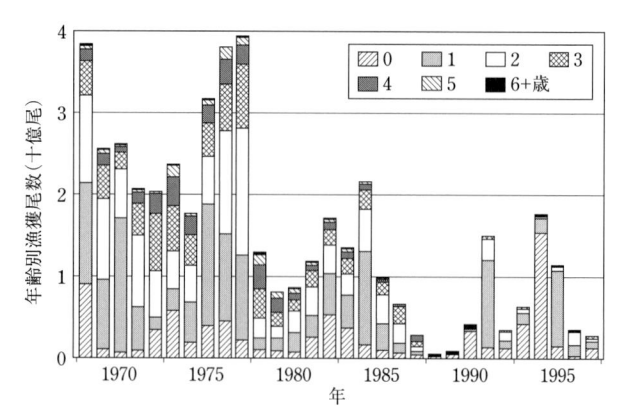

図6.11 日本の太平洋側におけるマサバの年齢別漁獲尾数（水産総合研究センター資料より作図）.

漁獲尾数というものを水産研究所が市場のサンプル調査したものを全国の漁獲量にあてはめて推定している．

1992 年はたくさん獲れた（図 6.11）．これは 0 歳で，1993 年に 1 歳魚をたくさん獲っている．1994 年に 2 歳魚をそれなりにたくさん獲って，1995 年に 3 歳魚になったときには，もういなくなっている．つまり 1992 年にせっかくたくさん生まれた成り年は，およそ獲られてしまった．サバは 3 歳で成熟するといわれているので，親になる前に全部獲ってしまっている．1996 年に 0 歳魚が多数生まれてきて，1997 年に 1 歳魚が多く獲れた．このころは国連の海洋保護条約というものがあって，いわゆる漁獲可能量（TAC）というのが決まっていたが，その上限まで獲り切ってしまったということである．その TAC 自体も，ほんとうは水産研究所の学者の申告量よりずいぶん多めに設定されていたのに，全部獲ってしまった．2 歳でまだ獲って 3 歳魚になったときにはもういない，せっかくたくさん生まれても親になるまでに生き残らせていなければ，つぎの世代は増えないのである．漁獲される未成魚の割合が多いと，日本のマサバは 0 歳魚や 1 歳魚でほとんどが子どもで，脂が乗っていなくて小さくて安い，むしろノルウェーのサバのほうが脂が乗っていて，高くておいしいということになってしまう．

これは横浜国立大学の私の学生に当時，1990 年代にせめて 1970 年代や 1980 年代並に未成魚を守って親を中心に漁獲していたらどうなっていたの

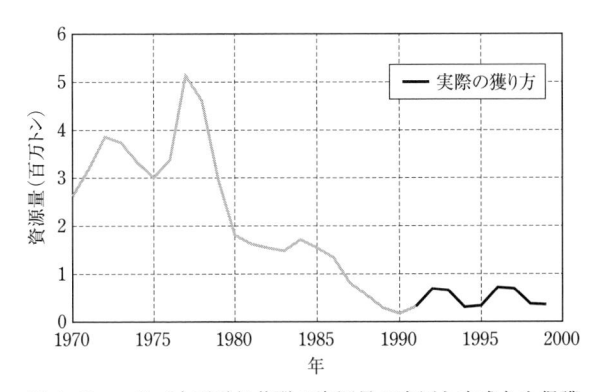

図 **6.12** マサバ太平洋個体群の資源量の変遷と未成魚を保護した場合の予想（Matsuda *et al.*, 1992 より改変）．

かを予測してもらったものである．そしてもう 1 つ，これからも成り年が出るたびに，たくさん子どものうちに獲ってしまったらどうなるのかという計算もした．そうすると，これが実際の太平洋側の資源の推移であると水産研究所が分析しているのだが（図 6.12），1992 年に少し増えて，また減って，1996 年の成り年で増えたが，また減ってしまった．しかし，そのときに大事に育てていけばこのように増えていって，1980 年代並に増えたというように計算できる．それをがまんしたから増えたかもしれないが，そのときの漁獲量が少ないのではないかと思うので，漁獲量も推定してみると（図 6.13），当然 1993 年に 1 歳魚をたくさん獲ったときにがまんすると，たしかにその年は漁獲量は少ないのである．つまり，実際の漁獲量に対して，コンピュータのなかでもう少し子どもを獲るのを控えたら，1993 年は漁獲量が少ないが，1 歳魚をがまんしたらつぎは 2 歳魚になる．そうすると，1 年待てば，それなりにたくさん獲れるようになるのである．しかし，実際はこのようにはならずに，減ってしまった．

とくに 1996 年，97 年は飛躍的によくなる．なぜよくなるのかというと，1992 年の成り年生まれが親になったら親が卵をたくさん産んでくれて，1996 年のよいタイミングにものすごくたくさん増えたであろうという計算になる．ボーリングという遊びでは，ストライクを 2 回続けて投げると点数が高くなる．しかし，マサバのような資源はそうではない．環境のよい年が

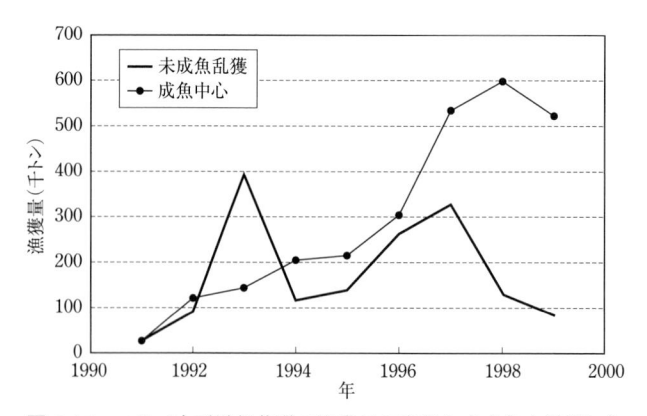

図 6.13 マサバ太平洋個体群の漁獲量の変遷と未成魚を保護した場合の予想（Matsuda *et al.*, 1992 より改変）．

2年連続しても，たとえば1年間に例年より5倍多く生まれたとして，それが2年連続で続いたとしても，それは5＋5で10倍である．ところが，5倍多く生まれた子どもが4年後に親になって，もう一度5倍増えたら5×5で25倍になる．つまり，4年おきに成り年がくるというのは非常にタイミングがよかったのである．実際には，1992年，96年の成り年の資源は両方が大人になる前に獲ってしまったということになる．では今後，成り年がきたら大事にしようということになったらどうなるかという計算をした．およそ10年前くらいまで，水産研究所の研究者はこういう絵をみなさんにお見せしていたと思う（p.20，図1.11左を参照）．横軸は海のなかの資源量で，今のまま獲っているとぜんぜん増えないとか，少し規制するとこのように増えていく，あるいはもっと規制するとこのように増えて，増やしてから後で獲りましょうといった絵が描かれていた．このような絵を描かれても，漁民は真っ向から信じないと思う．このようになめらかに増えていくことはありえなくて，魚というのは環境がよければいくら獲っても増えるし，悪ければ禁漁しても減るものである．実際に過去を読み解くと，ほんとうに成り年ではなくて，不作の年に禁漁しても減る．しかし，だからといって管理が必要ないということはない．私はいつも例え話でいっているが，いくら健康に気をつけていても早く病気にかかって亡くなる方もいる．そして，まったく気にしていなくても長生きする人もいる．これは確率の問題で，健康に気をつけなくてもよいということにはならない．麻雀をやるときに，ぜんぜん注意しないで振っていてもあたらない人もいれば，注意していても振り込む人もいる．これも確率の問題，ギャンブルの問題である．

水産研究所のグラフにはこのようなグラフが多いのだが，こちらは資源量ではなくて，資源が100万トンに回復する確率となっている．ここから先は，たとえばサイコロを振って成り年が5年に1回くるとする．どの年にくるかわからないが，とにかくサイコロを振ってみようというわけである．そうすると，たとえば4年ごとにくるようなタイミングがよい場合はあまりない．連続できたりそうでなかったり，いろいろある．たとえば2015年までに100万トン回復する確率は，じつは5割しかない．だが，今までどおりに，ずっと成り年がくるたびに子どものうちに全部獲っていたら，一度も回復はしないという計算になる．この計算は，私が2004年くらいにまき網漁業組

合の方に見せたとき，まき網漁業のことを悪くいうのかとひどく怒られた．しかし，その後で，たぶんその計算は正しいのだろうともいわれた．後に，まき網漁業組合の方もマサバは資源管理が必要だといってくれるようになったという．日本のマサバは，ほとんどが0歳，1歳，2歳で，親は少しである．大西洋では0歳など見向きもされず，1歳，2歳の子どもが少しで，3歳から6歳までが多く，大きなものばかりを狙っているわけである．これは基本的には漁業制度のちがいからくるものである．知事許可と大臣許可に分かれているが，同業者どうしでは競争があり，しばしば早い者勝ちになっている．そうすると，0歳魚を獲っても獲らなくても，日本ではつぎに高齢魚を見つけたら獲ることができる．しかし，ノルウェーだとそれぞれの漁船ごとに何トン獲れるか決まっているので，0歳魚を見つけて獲ってしまうと，つぎのときに大人の獲れる量が減ってしまう．だから，ノルウェーなどの獲り方のほうがよいのではないのかといっている人が多い．実際に，日本は残念ながらほとんどのマサバが0歳，1歳魚で，しかも安い値段で獲っているということになっている．

(2) 資源管理型漁業

　資源管理型漁業に関する中央水産研究所の牧野光琢博士の分析を紹介する．過去に資源管理型で成功したといわれている有名な例は，駿河湾のサクラエビ，伊勢湾のイカナゴ，そして秋田県のハタハタなどである．これらは定着性の高い魚種で，たとえばサクラエビ漁だと，駿河湾の人たちが合意して持続可能に控えめに獲っていこうといえば，駿河湾のなかで閉じており，成果が出やすい．日本の沖合漁業は「早い者勝ち」と述べたが，沿岸漁業では漁場をきめ細かく制限する．ハタハタなどはそれなりに日本海側で移動するが，それでも比較的に定着性が高いといわれている．ズワイガニも定着性が高いが，これはほかとは少しちがって成熟までの時間が長い．長いということは，がまんしたときの成果が現れるまで8年もかかる．これはよく合意ができたということができるかもしれない．

　京都ズワイガニ漁業の「海洋保護区（MPA）」にはブロックを入れて，底曳網などで漁獲できないようになっている（図6.14）．これは，国がやらなければならないといって入れたものではない．漁民が自主的にやったという

図 6.14 京都ズワイガニ漁業の海洋保護区に設置するブロック(京都府ウェブサイト「5 ズワイガニの保護(資源管理)応用編」http://www.pref.kyoto.jp/kaiyo2/zuwai/sigenkanri-top.html より).

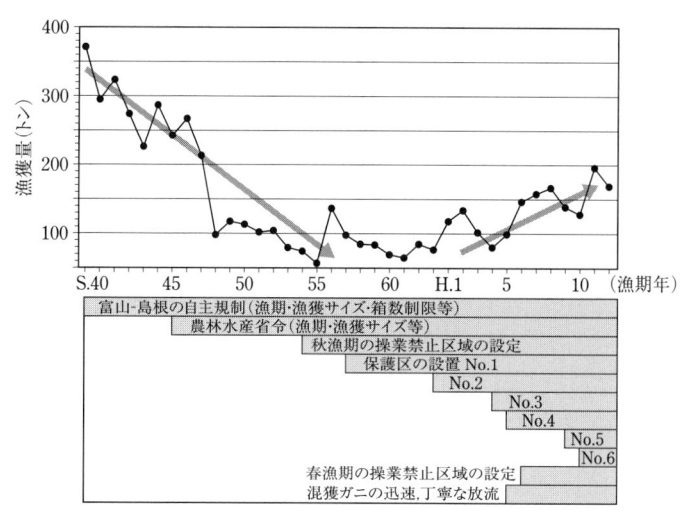

図 6.15 京都府のズワイガニ漁獲量の経年変化と資源管理の取り組み(No.1-6 は保護区の番号,京都府ウェブサイトより改変).

か，京都府の水産資源研究の担当者が漁民を説得して，このようなものを入れたそうである．どうして入れられたのかというと，ここでは一回漁業が成り立たなくなるまで漁を続けて，獲れなくなったときに説得して，ここに禁漁区をつくってみようということになった．危機的状況だったので，なにかやってみようということになっていたということがあるようである．最初にまずブロックを1つ入れてみると，カニの場合は底で子どもが育ってまわりにあふれてくる．あふれてくるとまわりで漁業ができるようになる．それでうまくいくということになって，少しずつ海洋保護区にブロックを入れる数が増えてきて，それによって資源が回復してきたようである．図6.15がその漁獲量だが，そのような保護を始めた1980年くらいは，ほんとうに漁獲量が減っていた．ここで保護区が合意されて設置される．現在は，6カ所ほどブロックを入れた自主的な保護区があるそうである（図6.16）．これがCOP10でつくることになった海洋保護区の日本の例である．この例の特徴は，政府が法律で海洋保護区にするということではないということである．ある意味で，漁業者が納得して自主的にやるということで成功したというこ

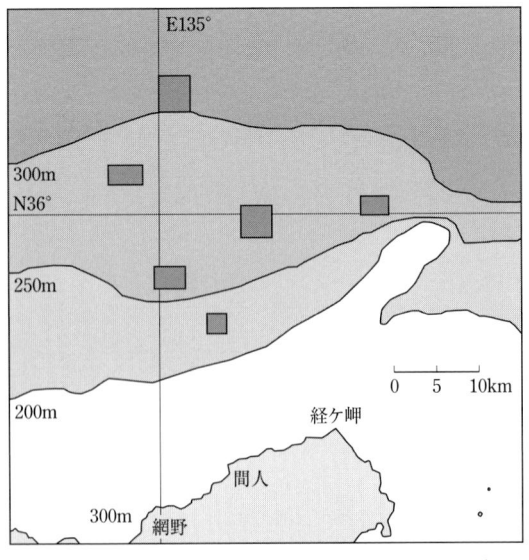

図6.16 京都ズワイガニ漁業の海洋保護区の位置（6つの四角い部分）（京都府ウェブサイトより改変）．

とである．

　知床も海洋保護区といわれている．しかし，ここでは定置網漁業が行われている．先端部の知床岬に住民票登録をしている人はいないだろうが，番屋はある．こういうところが世界自然遺産のなかに登録されているわけである．私は委員だが，このときに科学委員会で困った．なぜ困ったのかというと，登録するときに環境省と北海道知事は漁民に「世界自然遺産登録にあたって新たな規制をしません」ということを約束していた．ところが，2004年に審査申請をユネスコに出したときに，審査機関である国際自然保護連合（IUCN）が，海の保護レベルを高めなければならないと内々に伝えてきた．私はこれはまったく矛盾すると最初思った．一方では保護レベルを高めないと約束しているのに，保護レベルを強めろというわけである．

　どうしてこのような約束が日本では普通になっているのかといえば，漁民は自分でその漁場でどれだけ獲ったらよいのかという資源管理を自主的に行っているという強い意図がある．つまり自分で自分に責任を持っている．それならば，この答えはある意味簡単で，政府にいわれるのではなく，漁協自らが自主管理規制を強化するのである．一見屁理屈かもしれないが，これが世界自然遺産登録の条件というように私が述べたら，ほんとうに羅臼漁協はスケトウダラの禁漁を拡大した．そのときの羅臼漁協の説明は，これは世界自然遺産のためにやるのではなく，通常にわれわれが歴史的にやっている資源管理の1つである，ということであった．これをIUCNが高く評価して，世界自然遺産登録が実現したという経緯がある．その後，審査機関であるIUCNが知床の取り組みを非常に評価したわけである．みなさんが強い責任感を持っており，そして地域コミュニティーや関係者がきちんと意見をいって，ボトムアップ，つまり上から目線で政府が規制をするというかたちでその自然を守るのではなく，そこにいる人々，この場合は漁民が下からそういう意見を上げているということと，そこに科学委員会がかかわっていて，包括的にやっていることを賞賛していた．これはほかの国でも見習うべきすばらしいモデルであるとほめていただけた．

　その取り組みを外国の雑誌に投稿した．先ほどの中央水産研究所の牧野光琢氏，私，北海道大学の桜井泰憲教授の3人の連名で，"Marine Policy"という雑誌に投稿した．2009年にノーベル経済学賞をもらったオストロム博

士が初代会長を務めた国際コモンズ学会が，共有地のなかで世界で影響力のあるエピソードを集めたなかに，この論文を選んでいただいた．

　世界自然遺産登録や海洋政策というと，外国ではこんなことをやっているのに日本は遅れているみたいないい方をよくされるが，日本には日本独自の歴史があるわけで，それをきちんと説明すれば，外国の方にもわかっていただけるという1つの例だとわれわれは思っている．では，われわれとしてはつねにCOP10を考えるときは利用と保全の調和で，これは生物多様性条約の条文に書かれているのだが，漁業をやめて自然を守ろうというものでは本来ない．たしかにそのようにいう人もいるが，本来の条文の目的に書かれているとおりに，それを盛り立てていくのが大切である．

　このCOP10でどのようなことが決まったのかというのを紹介しよう．COP10では，2020年までに達成すべき20の目標というのが決まった．これを愛知目標という．その目標3には以下のようなものがある．「遅くとも2020年までに，条約その他の国際的義務に整合し調和するかたちで，国内の社会経済状況を考慮しつつ，負の影響を最小化または回避するために生物多様性に有害な奨励措置（補助金を含む）が廃止され，徐々に撤廃され，または改革され，また，生物多様性の保全および持続可能な利用のための正の奨励措置が策定され，適用される」．文言がわかりにくいが，およそこういう国際条約で決まったという文章はすっきりと書かれていない．なぜすっきり書いていないかというと，ここに何々の文言までを入れたら賛成するという条件付き賛成が続出するからである．無条件に反対だといって，一人だけ脱退するというのは普通いえない．いずれにしても，有害な奨励措置は廃止され，有益な奨励措置が作成されるようにという目標が掲げられた．

　たとえば，イワシが獲れないとする．そこで2年がまんして捕獲する．先ほどのマサバでもよいのだが，2年がまんすれば今の成り年の魚が大きくなるから，それからなら獲ってよいけれども，それまでの2年間は獲ってはだめだと，たとえば学者がいうとする．そこで，その2年間は禁漁の代わりに補助金を出すとする．2年後には0歳を獲るのをやめてほしい，2歳以上を2年後から獲ってほしい，そうすれば大きくなったマサバだけが獲れるようになる．そうなれば持続可能に獲ることもできるし，損はしないはずである．しかし，なかなかそうはいかない．日本の補助金の出し方だと，獲れないか

ら補助金を出すが，それでもそのときがまんしないで獲り続ける．すると資源は増えないで漁民が生き残るということになる．これは意地悪ないい方かもしれないが，ほんとうに困っているときに補助金がなければ，その漁民は撤退していなくなるかもしれない．そして漁民の数が減れば，それなりにほかの残った人たちは持続可能に獲れるかもしれない．むしろ撤退する人まで入れて，さらに乱獲もずっと続けさせるというのは，ここでいう有害な奨励と見なされてしまう．そうではなくて，たとえば持続可能な漁業になるまでに2年がまんしなければならないとする．その間干上がってしまうから，それを維持するために補助金を出そうというのは，よい奨励ということになる．

　ほかにもいろいろと目標には書いてあるが，とくに問題になるのが海洋保護区である．これに世界の環境団体はこだわりがあるようだ．2020年までに，少なくとも陸域および内陸水域の17%，また沿岸域および海域の10%が，海洋保護区あるいはその保護地域システムやその他の効果的な地域をベースとする手段を通じて保全すると合意された．少しわかりにくいと思うが，要するに海洋保護区といわれているものだけではなくて，その他のいろいろな手段でよいから，とにかく海の10%を守れといっている．これは国際的な合意である．これについて激論が交わされた．COP10のときに，ある世界の環境団体は海の15%，陸の25%という数値をあげていた．ところが，別の国は6%だといったらしい．しかし，数字の議論を始めたら，多かれ少なかれ保護区の面積を決めて合意される．実際には10%で落ち着いた．このいい方は，先ほどの知床の例や法律で決まっていないものも含めてよいと解釈される．日本はこのCOP10の議長国だから，おそらく2020年までは守ろうとするだろう．そうすると，この文言のなかで具体的にどうやって保護区をつくるのかということを決めるようになるだろう．

　欧米だけでなく，日本でも最近，海が壊れるとか，食卓から魚が消えるというようなニュースが流れてくる．私でさえ，クロマグロは食卓から消えるかもしれないと本気で心配している．現にシロナガスクジラは，1963年ごろにほんとうに絶滅寸前であった．それから半世紀，50年近くシロナガスクジラをまったく捕っていないが，いまだに2000頭くらいである．今，年率7%くらいで増えているらしい．1930年代には1年で2万頭以上のシロナガスクジラを捕っていた．だから，そのころに比べるとものすごく減った

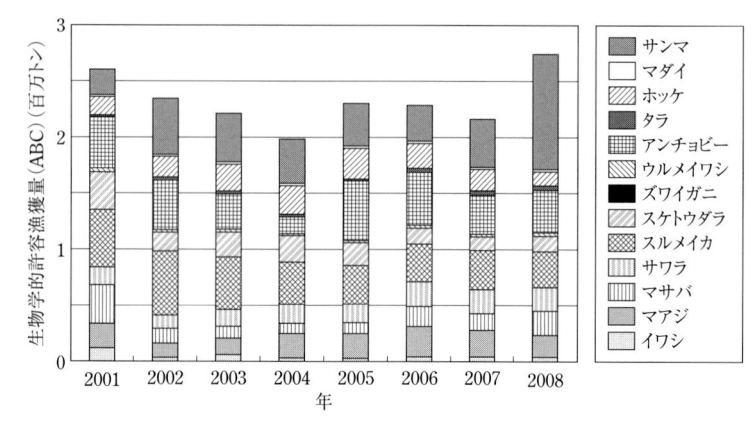

174 第6章 これからの海洋保全生態学——海洋国家の役割

図 6.17 日本の主要魚種の生物学的許容漁獲量（ABC）の年変化（水産総合研究センター資料より作図）．

ということである．ほんとうに減っている魚，あるいはクジラはいる．しかし，海のなかから魚が全部消えるという極端な主張が大まじめに報道されるというのが，世界の世論である．

　それに対して，図6.17は水産総合研究センターのまとめである．それぞれの魚種は何トンまで獲ってよいという数字を計算している．政治的に決まる漁獲可能量（TAC）ではなくて，水産総合研究センターではその前に生物学的にはこれだけ獲ってよいという数字（許容漁獲量；ABC）を出している．それを足し合わせたものである．サンマは，2010年はあまり獲れなかったが，魚は来遊する場所や時期が微妙にずれるので，激減したわけではない．サンマだけで年間100万トンが獲れると評価されている．つまり，100万トン以上獲っても乱獲にはならないと推定されている．実際にサンマをどのくらい獲っているのかというと，およそ20万トンである．では，なぜ100万トンを獲らないかというと，サンマを毎週食べるわけではない．これでは100万トンのサンマは獲れない．ちなみに横浜国立大学の学食では，サンマの塩焼きが1匹157円である．納豆と卵とそのつぎにサンマというくらい安くて大量に手に入るものである．日本人1億2000万人が毎週サンマを食べたとすると，およそ100万トンあれば大丈夫である．しかし，実際には需要がない．だから20万トンくらいしか獲らないのである．それ以上獲

ったら値崩れして，大損してしまうわけである．たしかにマグロのような高級魚はもともと少ないし，たくさん獲ったら減るかもしれないが，プランクトンを食べているサンマのような魚はいっぱい余っているわけである．世界の漁業生産量は1億2000万トンくらいといわれている．

南氷洋のオキアミだけで10億トンいるといわれている．それをわれわれの資源の感覚でいうと，オキアミ10億トンのうち2億トン獲っても十分に持続可能であろう．つまり世界の総漁獲量より多い南氷洋のオキアミだけ獲れば，重さだけでいえばまかなえるわけである．しかし，それはしない．人間の食べたいものとたくさんある魚がずれているからである．だからマグロを食べるのは控えて，サンマを食べればよいと，別に海のなかの魚が全部消えるわけではないというのが私の意見である．それには消費者の意見も変わらなければいけないのである．

COP10の話に戻るが，COP10のときの世論を考えると，最初は漁業を否定する勢力が一番強いと思っていた．MPA（海洋保護区）をノーテイクゾーンまたは一切なにも手をつけるなという意味で用いる勢力もいる．たとえば，オキアミのいる南氷洋にクジラの聖域（サンクチュアリ）をつくっている．そういう漁業の否定のような議論もあるが，たとえば10%の海域を海洋保護区にしろという愛知目標11には，そこでまったく魚を獲るなとは書いていない．捕鯨に反対する人ですら，イヌイットなど先住民の捕鯨を認めている．私はある有名な反捕鯨論者とCOP10の1年前に議論する機会があったのだが，向こうから小規模の漁船による漁業はやってもよいといってきたので，たいへん驚いた．チリではこれらの零細漁業を認めていて，零細漁業の水揚げがどんどん増えてきている．チリでは零細漁業が船の大きさで定義され，優遇措置がとられている．他方，日本でも人口からいうとほとんどの漁民が零細漁業なのだが，零細漁業の定義がなく，優遇措置もない．

日本もチリのように，沖合の企業が行う漁業は乱獲をしないように責任を課して，沿岸の零細漁業を優遇するような措置をとればよいのである．しかし，どこからが沖合で，どこからが沿岸かじつは定義されていない．これをじょうずに決めることが大事になる．

もう1つの勢力は，既存の漁業権を否定する規制改革の動きである．譲渡性個別割当量（ITQ）方式などの欧米の制度を世界中でやろうということで

ある．そうすると，今まで漁業を続けてきた人のなかには，倒産する漁業者が出てくるであろう．こういう意味では，まさに改革または革命を起こそうとしている．実現すれば大混乱に陥るだろう．逆に，そういう勢力と戦うのが真の道だと信じてやまない抵抗勢力も一部にいる．しかし，これは中間の道があって，折り合いがつくのではないかというのが私の意見である．

最後に，いわゆる先住民の知恵と権利を重視し，生物の多様性だけではなく文化の多様性も大事だという第3の勢力が，一番強かったように思う．つまり，いろいろな価値観がある人間の文化そのものの多様性を守っていくんだという人がかなりいた．日本の里海運動もこれに近いところがある．それでは，中央水産研究所の牧野光琢氏の主張を紹介して，日本の漁業制度が世界とどのようにちがうのかを紹介する．

欧米だけが世界ではない．日本の漁業制度の実態に近い漁業をやっている国は少なくとも途上国のなかに多い．どちらが世界標準（グローバルスタンダード）かというと，じつは欧米型が必ずしも世界標準ではない．日本の漁業の歴史では，昔から同じように魚を三枚おろしにしていたと牧野氏は述べている．昔から，磯漁は地域自身が排他的に利用していた．沖はだれでも獲れるというルールが明文化されていた．使う人は自分でその資源を守っていくというルールがあった．当然，明治維新のころには欧米の法律を日本に導入しようとした．そのため，漁業制度というものを入れて既得権益を全部壊そうとしたわけで，漁村は大混乱に陥ったそうである．陸上でも同じような混乱が起きたのだが，陸上は土地の所有は私有地と国有地に分かれ，入会のままにはならなかった．土地に所有者ができてしまうと，どうしても入会地の資源をみなで使うというのがうまくいかないということがある．しかし，海には所有者がいないので，入会制度をかなり守ることができた．

明治にできた漁業法は，昔のやり方が基本的に守られている．第2次世界大戦後になってマッカーサーがきたときも大きく変わる可能性があったのだが，基本的に同じ制度になっている．逆にいうと，地元の人が自分で使って自分で管理するという，そういう既得権のようなものが近代法の法律のなかでしっかりと組み込まれているところは，じつは世界中でも意外と少ないかもしれない．これは，途上国に行ってもそれほどないと聞いている．アメリカの制度というのは，基本的にすべての市民が漁業を営むことができる．だ

れでも自由に漁業をしてよいというのであれば，国が管理をしなければならない．このような制度と日本は基本的にちがうということを考えに入れる必要がある．そのような自分で自分を管理するという方法，もちろん法規制も入るのだが，それを共同管理という．

　私はよくレッテルを貼っていて，世界の海洋保全や海洋保護区（MPA）などを議論している人たちを，MPA派と共同管理派に分けている．残念ながら，MPAという人はやっぱりどうしても漁業なんかなくてもよいから海を守れ，という人がかなり多い．それに対して，漁民の自主管理によってそのようなものを運用していったほうがよいという人々がいる．この意見も少数ではない．むしろ締約国会議の投票行動では，こちらの意見が多数派といえるだろう．そうはいっても，海は漁民だけのものではないという認識も必要になる．そもそも漁民が海の環境を守ってきたというのが「魚付林」である．このようなことが歴史的に行われている国は，じつはそんなに多くはないと聞いている．そして，日本ではさまざまな取り組みを漁民あるいは漁協が主体となって進めている（図6.18）．

　そういうところで上から規制するわけではないから，みなが納得するまで話し合わなければならない．なにかをしなければならないと思って，それぞれ利害が絡む．そうすると何度も何度も話し合ってようやく決まる．100回でも200回でも話し合いをすることがある．COP10のようすを紹介したよ

図 6.18　魚付林の植林活動をする漁協組合員（富山実博士提供）．

うに，国際条約自身もそうである．だれか権力者がいて，「私のいうことに全部したがえ」というようにやるのならこうはならない．むしろ，みなが納得するまで話し合うというプロセスが大事なのだろう．漁場は漁業の収入以上の価値がさまざまにあるということが今，経済評価されている．逆にいうと，きちんとそこで持続可能な漁業を営んでいるから，その海域の利益が守られている．だれも利害関係者がいなくなったら，たとえばリゾート開発などで全部なくなってしまうかもしれない．そういう意味では，漁民だけで管理するというのではなく，これからは幅広い利害関係者が参加するという方向になるかもしれない．そのようにして漁場を守っていくと，これは国内そして国際的な世論でも影響力は出てくるのではないかと思う．知床は世界自然遺産のなかで漁業を続けられたという意味では，その先行例だということができる．行政の役割というのはその取り組みの背中を押すような，たとえば税金を投入しないと全体が動かないような場合は投入するといったようなやり方がよい．

　海洋保護区とはなにかというと，環境法の専門家である中部大学の加々美康彦氏によれば，海に設けられた保護区を指す「普通名詞」である．だから国によっても，そして制度によってもいろいろな形態がある．たとえば，日本である場所で獲るのを1週間やめて禁漁区にするというものも海洋保護区に含まれる．世界最古の海洋保護区として，よく国際的な文献に出てくるのは，1879年に制定されたロイヤルナショナルパーク（Royal National Park）という外国の例である．しかし，加々美氏によると，日本にはもっと古いものがある．世界最古といわれているものより，日本最古のほうがはるかに古いそうである．『日本書紀』に禁漁区の例が載っているそうである．それは持統3（689）年8月に制定された「禁断漁猟於摂津国武庫海一千歩内」というものである．「一千歩」というのはおよそ1667 mで，西宮市の河口部のところは小さい魚を獲ってはいけないという法律ができたということが書いてあるそうである．これは，むしろ文例に現れている世界最古のMPAといってよいのではないかと思う．

　日本は，昔から沿岸で魚を獲りすぎが問題になっていたといえる．いくつかの法律によって，海のところになんらかの規制をかけているというものがある．先ほどMPA派というレッテル貼りをしたが，環境団体のようにやる

と，どうしても広大なところの全部を守るというようになりがちである．たとえば，グレートバリアリーフが海洋保護区なのだと，このようなことができる海域は世界中でそんなにない．広大な面積を海洋保護区として指定しているが，もちろんここにおいても，どの漁業はここまでよいとか，いろいろ細かく設定しており，当然このように設定しないと地元の合意は得られない．愛知目標 11 では，世界の 10% は海洋保護区にといっているわけである．アメリカの 200 海里水域の場合，ハワイは 200 海里全体が海洋保護区になっている．ハワイの先住民の伝統的な漁法は認められているが，それ以外の漁法は禁じられている．しかし，このように広く保護区にするだけがよいわけではない．ほかにもいろいろと方法があると思う．

　最後にチリについて述べたい．チリにおいては，それほど大きな海洋保護区をとって，世界中に「チリは海洋保護区に熱心です」というために保護区ができているわけではない．後で紹介するが，先ほどの京都のズワイガニ漁と同じである．小さく最低限ここだけは守る，そしてそこから増えてきたものをまわりで獲る．そうすれば漁業が持続可能に，そしてそれなりに儲かるようにできる．全部のところを保護区にしてしまうと，それがなかなかできなくなる．つまり，持続的な漁業をやるために小さな保護区を随所につくっていくというのが，チリの海洋保護区のやり方である．カトリカ大学のファン・カルロス・カスティーリャ教授よると，行政や法による規制に加えて，漁民自身の自主的な取り組み，そしてそこに助言する科学者の三者がいて，初めて持続可能な漁業ができると考えた（図 6.19）．

　共同管理を実現するためには，漁民を説得しなければならない．先ほどの知床と同じである．説得するためには，さまざまな研究の例で示すことが大事になってくる．チリの漁業を見ると，明らかに定着性の魚が多い．海のなかを広く回遊するようなものではない．これは先ほどの牧野氏の分析と同じで，その地域で守ったらその地域の資源が潤うというのは，広く移動する資源より，その地域に根付いている根付きの資源がよい．カスティーリャ教授はもともと磯辺の生物を研究する生物学者であった．チリがピノチェトのクーデターで独裁政権になった後，ほとんど漁業が無法状態に陥ったという．その後，1990 年代にカスティーリャ教授が提案したチリの漁業制度に変わったらしい．サンティアゴから西に行ったところの海辺に，カトリカ大学の

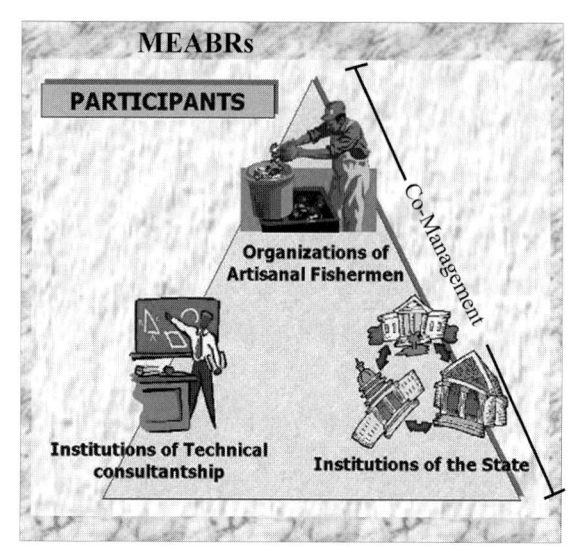

180　第6章　これからの海洋保全生態学——海洋国家の役割

図 6.19　零細漁民，政府，科学者による共同管理（カスティーリャ教授より）.

彼の臨海研究所がある．

　その大学の施設の前の磯は大学の土地だったが，漁民が自由に入って根付きの水産物を獲っていた．そこは大学の土地であるということから保護区にした．これは1つの実験の始まりであった．漁業に使えないということで，最初は反発もあったようだが，ここを保護区とすることでどんな生きものが戻ってくるかということを海洋生物学者が研究した．保護区にしたことで，資源が保護区外の漁場にだんだんあふれてくる．あふれてくると，ここを保護区にしてくれているからいつまでも魚を獲ることができることを漁民が理解するようになったと彼は説明している．図6.20はチリの地図で，カトリカ大学の実験所でやったような海洋保護区を漁民自らがつくり始め，そのまわりで漁業をやる地域が増えてきたそうである．チリの場合，保護区にするときは，ここを保護区に指定してほしいと漁民が政府に陳情して，政府が保護区に指定するという流れになっており，そのあたりが法的に定義しない日本と少しちがうが，それは大きなちがいではない．そのような漁民というのは，地元に行って私も見てきたが，いわゆるアメリカの先住民ではなく，ス

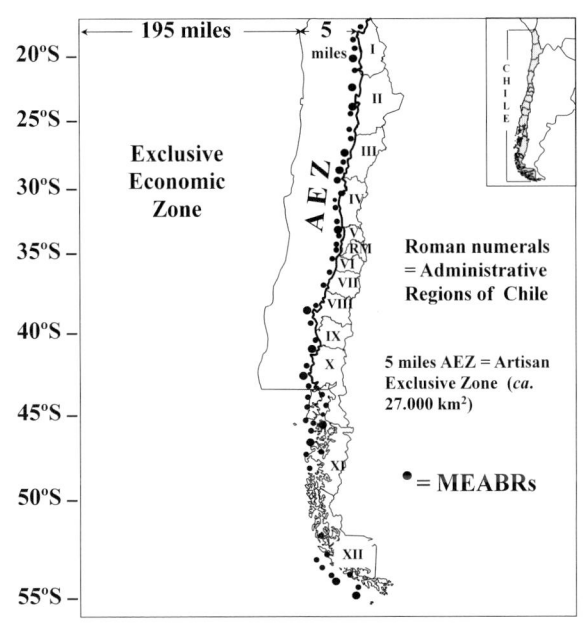

図 6.20 チリの底生資源管理利用区域(MEABRs), 零細漁業専用水域(AEZ)(カスティーリャ教授より).

ペイン系の住民が中心である．保護区をつくって小さな零細漁業を続けられるようなしくみをつくってほしいといってやっているわけである．この保護区は底生資源管理利用区域 (Management and Exploitation Area of Benthic Resources ; MEABRs) という．つまり，固着性の水産資源のために保護しながら利用する地域という名前の海洋保護区をどんどん自主的に漁民が申請してつくっている．

ちなみに，カトリカ大学の彼の実験所は，2010年のチリ大地震の大津波で被害に遭った．

さらに驚くことに，いわゆる200海里水域のなかの区分けである．200海里水域はチリが占有して使える海域だが，ここに AEZ (Artisan Exclusive Zone) という，零細漁民の占有水域を設けている(図6.20)．沿岸から5海里は企業体漁業は操業できない．チリ南部には AEZ がないが，AEZ がある部分は零細漁民が運動を起こして，大型漁船が入れない水域となった．

AEZ の外側は，大型漁船も零細漁民も自由に使える水域と分けたわけである．外側では，欧米型の個別漁獲割当量や，漁船には必ず VMS（Vessel Monitoring System）といって，どこに漁船がいるのか報告されるシステムが導入されている．AEZ はそうではなく，零細漁業だけが使える海域で，しかも図 6.20 に示す点は，先ほど説明した MEABRs である．図 6.21 はチリの漁獲量の年変化だが，この三角は沿岸の零細漁業による漁獲量である．どんどん増えていっているのがわかる．白い丸は，もう少し大きな企業体漁業による漁獲量である．これはしだいに減っている．黒い丸が全体の漁獲量となっている．1995 年くらいに，おそらくカタクチイワシが大量に獲れたときがあった．今はそれなりに落ち着いているが，沿岸漁業は全体の漁獲量の半分くらいを占めている．

　私はこのやり方がある程度日本でも参考になるのではないかと考えている．おそらく日本の水産関係者のなかにも，まだ多数派とはいえないが，そう考えている人たちが増えていると思う．欧州型やチリ型の管理をそっくり導入すればよいというわけではないのだが，沿岸漁業と沖合の大規模な漁業を分けて考えたほうがよい．チリの場合は船の長さで定義している．18 m 以下の船は零細漁業だが，かりに日本で定義する場合はいったいどの程度の大きさにすべきなのかはまだわからない．そして，おそらく船のトン数だけでは決まらないが，あまりこの定義を複雑にしてしまうと，そのためにいろいろ

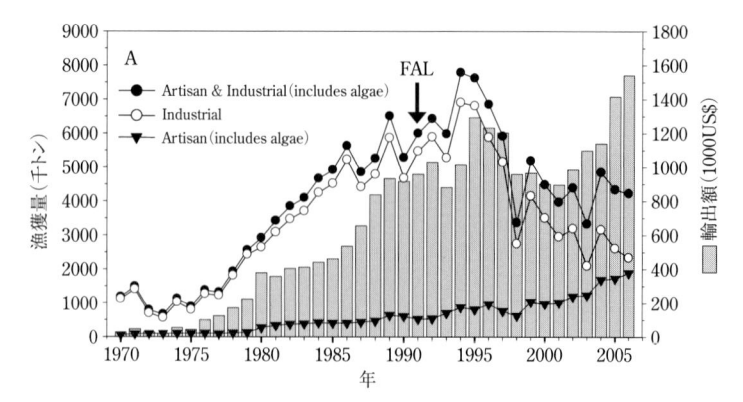

図 6.21　チリの漁獲量と輸出額の年変化（カスティーリャ教授より）．1991 年に漁業養殖業法（FAL）が改訂されている．

な不公平が起きてくる可能性もある．ある程度わかりやすくて，そしてそれなりに公平な定義ができればよい．だから，どう定義するかが重要である．また，なんでも法律で決めるのではなく，チリの例にもあるような自主的な取り組みも大事になる．

　ただし，自主的な取り組みをやろうとしても，率直にいって魚が獲れている間は，合意はとれない．先ほどの京都のズワイガニもそうだが，昔儲かっていて，本来儲かるはずなのに，今はうまくいっていないといったときに，このような合意を得られやすいのではないか．国内あるいは地域だけの成功・不成功という例として扱われるのではなく，それを集めたものが，たとえば国際条約の約束にかかわってくるというのが，生物多様性条約というのが決まって少し変わったところだ．漁業者に叱られるかもしれないが，こういう国際的な約束ができたことで背中を押すかたちで，地域でそういう漁業ができるようになれば一番よいのではないか．それにはきっかけが必要だ．駿河湾のサクラエビも，伊勢湾のイカナゴも，秋田のハタハタも，京都のズワイガニもそうだが，じつは地元に密着した研究者が深くかかわっていて，一所懸命説得して，初めてこのような管理が成功しているのである．

　説得するなかでは教科書に書いてあるとおり，あるいは論文に書いてあるとおりにやればうまくやれるというわけではない．その地域でほんとうにうまくいく方法は，臨機応変にその場その場に合わせて具体的に考えていくことだ．そして，それを盛り立てるなんらかの制度が必要だろう．もちろん自主的な取り組みだけで変わればよいのだが，やはり国の制度としてやらなければ変わらないというものがあるかもしれない．それが先ほど述べた共有地という概念にかかわる．地元で顔を合わせているものだけがその資源を利用している場合は，そこで徹底的に話し合えばなんとかなるかもしれない．しかし，やはり沖合や遠洋などはなかなかそうはいかない．今なら日本国内だけで取り組んでも，隣国の韓国が入ってくる，あるいは台湾が入ってくるという問題もある．隣国も同じ資源を利用しているわけである．そういうものを守る場合には，やはり上からのしくみが必要になる．今説明したやり方がすべて最善とは私は思わない．なにかもう少しよいしくみがないのかと考えるべきだろう．

　よいしくみをつくろうとすると，当然さまざまな痛みをともなうことにな

るかもしれないが，必要のない痛みは要らない．もしほんとうに痛みをともなう改革が必要と考えるのならば，どんな場合にどんなことをすればよいのか，より合理的に徹底して考えるべきである．いろいろと批判もあるかもしれないが，漁業者のさまざまな悩みを聞かせていただければ幸いである．

引用文献

[第1章]

Holling, C. S. (eds.) (1978) Adaptive Environmental Assessment and Management. John Wiley & Sons, New York.
加藤秀弘・大隅清治編 (1995)『鯨類生態学読本』, 生物研究社, 東京.
Kawai, H., Yatsu, A., Watanabe, C., Mitani, T., Katsukawa, T. and Matsuda, H. (2002) Recovery policy for chub mackerel stock using recruitment-per-spawning. Fisheries Science, 68: 961-969.
レヴィン, S. (2003)『持続不可能性——環境保全のための複雑系理論入門』(重定南奈子・高須夫悟訳), 文一総合出版, 東京.
Matsuda, H., Yahara, T. and Uozumi, Y. (1997) Is the tuna critically endangered? Extinction risk of a large and overexploited population. Ecological Research, 12: 345-356.
松田裕之 (2004) 生物学的許容漁獲量決定規則の課題と展望——保全と持続的利用の両立を目指して. 資源管理談話会報 (日本鯨類研究所), 33: 3-11.
松田裕之ほか28名 (日本生態学会生態系管理専門委員会) (2005) 自然再生事業指針. 保全生態学研究, 10: 63-75.
松田裕之・西川伸吾 (2007) 自然再生事業における十の助言と八つの戒め. 日本ベントス学会誌, 62: 93-97.
Mrosovsky, N. (1997) IUCN's credibility is critically endangered. Nature, 389: 436.
Rossberg, A. G., Matsuda, H., Koike, F., Amemiya, T., Makino, M., Morino, M., Kubo, T., Shimoide, S., Nakai, S., Katoh, M., Shigeoka, T. and Urano, K. (2005) A guideline for ecological risk management procedures. Landscape and Ecological Engineering, 1: 221-228.
浦野紘平・松田裕之編 (2007)『生態環境リスクマネジメントの基礎——生態系をなぜ, どうやって守るのか』, オーム社, 東京.
Walters, C. J. (1986) Adaptive Management of Renewable Resources. McMilllan, New York.
鷲谷いづみ・松田裕之 (1998) 生態系管理および環境影響評価に関する保全生態学からの提言 (案). 応用生態工学, 1: 51-62.

[第2章]

Baumgartner, T. R., Soutar, A. and Ferreira-Bartrina, V. (1992) Reconstruction of the history of the Pacific sardine and northern anchovy populations over the past two millenia from sediments of the Santa Barbara basin, California. CALCOFI Report, 33 : 24-40.

Chikuni, S. (1985) The fish resources of the north-west Pacific. FAO Fisheries Technical Paper, 266 : 1-190.

FAO (1994) Review of the state of world marine fishery resources. FAO Fisheries Technical Paper, 335 : 1-136.

FAO (1996) The state of world fisheries and aquaculture (sofia) : 1996. Summary.

IUCN/SSC (2001) IUCN Red List Categories and Criteria : Version 3.1. IUCN, Gland and Cambridge.

環境庁自然保護局野生生物課編 (2000)『改訂・日本の絶滅の恐れのある野生生物——レッドデータブック8 植物Ⅰ(維管束植物)』, 自然環境研究センター, 東京.

笠松不二男 (2000)『クジラの生態』, 恒星社厚生閣, 東京.

勝川俊雄・松宮義晴 (1997) 産卵ポテンシャルに基づく水産資源の管理理論. 水産海洋研究, 61 : 33-43.

Kawai, T. and Takahashi, T. (1983) Changes of species composition and diversity of Japanese fishes in the 20th century by each region and living layer. Datum Collection of Tokai Regional Fisheries Research Laboratory, Tokyo, No. 11 : 1-128.

Kawasaki, T. and Omori, M. (1988) Fluctuations in the three major sardine stocks in the Pacific and global trend in temperature. *In* Long-term Changes in Marine Fish Populations : A Symposium Held in Vigo, Spain, 18-21 Nov. 1986 (T. Whatt and M. G. Larraeta, eds.), pp. 37-53.

MacCall, A. D. (1996) Low-frequency variability in fish populations of the California current. CoaCOFI Report, 37 : 100-110.

Matsuda, H., Wada, T., Takeuchi, Y. and Matsumiya, Y. (1991) Alternative models for species replacement of pelagic fishes. Researches on Population Ecology, 33 : 41-56.

Matsuda, H., Wada, T., Takeuchi, Y. and Matsumiya, Y. (1992a) Model analysis of the effect of environmental fluctuation on the species replacement pattern of pelagic fishes under interspecific competition. Researches on Population Ecology, 34 : 309-319.

Matsuda, H., Kishida, T. and Kidachi, T. (1992b) Optimal harvesting policy for chub mackerel in Japan under a fluctuating environment. Canadian Journal of Fisheries and Aquatic Science, 49 : 1796-1800.

松田裕之 (1995)『「共生」とは何か——搾取と競争をこえた生物どうしの第三の関係』, 現代書館, 東京.

松田裕之 (1996) 魚はいつ, 何歳から獲るべきか?——持続可能な漁業の理論. 海洋と生物, 18 (3) : 120-125.

松田裕之 (1997) 永続するマイワシ資源の大変動——持続可能な漁業の新たな課題. 日本の科学者, 32 (4) : 28-32.

Matsuda, H., Fukase, K., Mitani, I. and Asano, K. (1997) Impacts per unit weight in catch by two types of fisheries on a chub mackerel population. Researches on Population Ecology, 38 (2) : 219-224.

松田裕之 (2000)『環境生態学序説――持続可能な漁業,生物多様性の保全,生態系管理,環境影響評価の科学』,共立出版,東京.

松田裕之 (2001) 愛知万博環境影響評価の問題点. 生物科学, 52 (4): 237-244.

Matsuda, H. (2003) Challenges posed by the precautionary principle and accountability in ecological risk assessment. Environmetrics, 14 : 245-254.

松田裕之 (2010) 生物多様性条約第10回締約国会議の心配事. 生物科学, 74: 46-48.

松宮義晴 (1996)『水産資源管理概論』,日本水産資源保護協会,東京.

Mori, M., Katsukawa, T. and Matsuda, H. (2001) Recovery plan for the exploited species : southern bluefin tuna. Population Ecology, 43 : 125-132.

Mrosovsky, N. (2000) Sustainable Use of Hawksbill Turtles : Contemprorary Issues in Conservation. Key Centre for Tropical Wildlife Management, Northern Territory University, Darwin.

Myers, R. A. and Worm, B. (2003) Rapid worldwide depletion of predatory fish communities. Nature, 423 : 280-283.

中西準子 (1995)『環境リスク論――技術論からみた政策提言』,岩波書店,東京.

Skud, B. E. (1982) Dominance in fishes : the relation between environment and abundance. Science, 216 : 144-149.

種生物学会編 (2002)『保全と復元の生物学――野生生物を救う科学的思考』,文一総合出版,東京.

Takenaka, Y. and Matsuda, H. (1997) Effects of age and season limits for maximum sustainable fisheries in age-structured model. Fisheries Science, 63 : 911-917.

TEEB (2011) 生態系と生物多様性の経済学――生態学と経済学の基礎 (TEEB D0) 地球環境戦略研究機関 http://www.iges.or.jp/jp/news/topic/1103teeb.html#d0

Thurow, F. (1997) Estimation of the total fish biomass in the Baltic Sea during the 20th century. ICES Journal of Marine Science, 54 : 444-461.

坪井守夫 (1987) 本州・四国・九州を一周したマイワシ主産卵場 (3). さかな (東海区水研), 39: 37-49.

魚住雄二 (2003)『マグロは絶滅危惧種か?――まぐろの保全と管理』,成山堂,東京.

和田時夫 (1993) TACにもとづく資源管理の我が国への導入. 海洋, 29 (5): 285-289.

Watanabe, Y., Zenitani, H. and Kimura, R. (1995) Population decline of the Japanese sardine *Sardinops melanostictus* owing to recruitment failures. Canadian Journal of Fisheries and Aquatic Sciences, 52 : 1609-1616.

WWF (2002) Living Planet Report 2002. WWF International, Gland.

Yasuda, I., Sugisaki, H., Watanabe, Y., Minobe, S. S. and Oozeki, Y. (1999) Interdecadal variations in Japanese sardines and ocean/climate. Fisheries

Oceanography, 8 : 18-24.

[第3章]

アクセルロッド, R.（1987）『つきあい方の科学——バクテリアから国際関係まで』（松田裕之訳）, ミネルヴァ書房, 京都.

Christensen, N. L., Bartuska, A. M., Brown, J. H., Carpenter, S., D'Antonio, C., Francis, R., Franklin, J., MacMahon, J. A., Noss, R. F., Parsons, D. J., Peterson, C. H., Turner, M. G. and Woodmansee, R. G.（1996）The report of the Ecological Society of America Committee on the Scientific Basis for Ecosystem Management. Ecological Applications, 6 : 665-691.

Clark, C. W.（1990）Mathematical Bioeconomics : The Optimal Management of Renewable Resources, 2nd ed. John Wiley & Sons, New York.

Holling, C. S.（ed.）（1978）Adaptive Environmental Assessment and Management. John Wiley & Sons, New York.

Kaji, K., Okada, H., Yamanaka, M., Matsuda, H. and Yabe, T.（2005）Irruption of a colonizing sika deer population. Journal of Wildlife Management, 68 : 889-899.

国連ミレニアムエコシステム評価編（2007）『生態系サービスと人類の将来——国連ミレニアムエコシステム評価』（横浜国立大学 21 世紀 COE 翻訳委員会訳）, オーム社, 東京.

Makino, M. and Matsuda, H.（2005）Co-management in Japanese coastal fishery : it's institutional features and transaction cost. Marine Policy, 29 : 441-450.

松田裕之（2000）『環境生態学序説——持続可能な漁業, 生物多様性の保全, 生態系管理, 環境影響評価の科学』, 共立出版, 東京.

松田裕之・宇野裕之・梶光一・玉田克巳・車田利夫・齊藤隆・平川浩文・藤本剛（2001）道東エゾシカ 20 万頭説とフィードバック管理. 森林野生動物研究会, 27 : 74-80.

Matsuda, H. and Katsukawa, T.（2002）Fisheries management based on ecosystem dynamics and feedback control. Fisheries Oceanography, 11 : 366-370.

松田裕之（2004）『ゼロからわかる生態学——環境・進化・持続可能性の科学』, 共立出版, 東京.

松田裕之・矢原徹一・石井信夫・金子与止男編（2004）『ワシントン条約附属書掲載基準と水産資源の持続可能な利用』（2006 増補改訂版）, 自然資源保全協会, 東京.

中西準子（1995）『環境リスク論——技術論からみた政策提言』, 岩波書店, 東京.

西田睦（1993）タンガニイカ湖の多彩なシクリッドたちとその系統関係. 川那部浩哉・堀道雄編『タンガニイカ湖の魚たち——多様性の謎を探る』, 平凡社, 東京, pp. 80-95.

農林水産省（2002）持続可能な開発と林水産物貿易に関する日本提案 http://www.rinya.maff.go.jp/kouhousitu/wto/files/0212ffj.htm

ロドリックス, J. V.（1994）『危険は予測できるか！——化学物質の毒性とヒューマンリスク』（宮本純之訳）, 化学同人, 東京.

Tomiyama, M., Lesage, C.-M. and Komatsu, T. (2005) Practice of sandeel fisheries management in Ise Bay toward responsible and sustainable fisheries. Global Environment Research, 9 : 139-150.

浦野紘平・松田裕之編（2007）『生態環境リスクマネジメントの基礎——生態系をなぜ，どうやって守るか』，オーム社，東京．

Yamamura, K., Matsuda, H., Yokomizo, H., Kaji, K., Uno, H., Tamada, K., Kurumada, T., Saitoh, T. and Hirakawa, H. (2008) Harvest based Bayesian estimation of sika deer populations using state-space models. Population Ecology, 50 : 131-144.

鷲谷いづみ（1998）生態系管理における順応的管理．保全生態学研究，3 : 145-166.

[第4章]

アクセルロッド，R.（1987）『つきあい方の科学——バクテリアから国際関係まで』（松田裕之訳），ミネルヴァ書房，京都．

コールマン，J. A.（1966）『相対性理論の世界』（中村誠太郎訳），講談社，東京．

クラーク，C. W.（1998）『生物資源管理論——生物経済モデルと漁業管理』（田中昌一監訳），恒星社厚生閣，東京．

Costanza, R., d'Arge, R., de Groot, R., Farber, S., Grasso, M., Hannon, B., Limburg, K., Naeem, S., O'Neill, R. V., Paruelo, J., Raskin, R. G., Sutton, P. and van den Belt, M. (1997) The value of the world's ecosystem services and natural capital. Nature, 387 : 253-260.

FAO (2007) The State of World Fisheries and Aquaculture 2006. FAO Fisheries and Aquaculture Department, Rome.

Hilborn, R. (2002) The dark side of reference points. Bulletin of Marine Science, 70 : 403-408.

Iwasa, Y. and Pomiankowski, A. (1995) Continual change in mate preferences. Nature, 377 : 420-422.

国連ミレニアムエコシステム評価編（2007）『生態系サービスと人類の将来——国連ミレニアムエコシステム評価』（横浜国立大学21世紀COE翻訳委員会訳），オーム社，東京．

Matsuda, H., Fukase, K., Mitani, I. and Asano, K. (1996) Impacts per unit weight in catch by two types of fisheries on a chub mackerel population. Researches on Population Ecology, 38 (2) : 219-224.

松田裕之（1999）エゾシカのフィードバック管理と水産資源管理の展望．月刊海洋号外，17 : 119-122.

松田裕之（2000）『環境生態学序説——持続可能な漁業，生物多様性の保全，生態系管理，環境影響評価の科学』，共立出版，東京．

Matsuda, H. and Katsukawa, T. (2002) Fisheries management based on ecosystem dynamics and feedback control. Fisheries Oceanography, 11 : 366-370.

Matsuda, H. and Abrams, P. A. (2006) Maximal yields from multi-species fisheries systems : rules for harvesting top predators and systems with multiple trophic

levels. Ecological Applications, 16 : 225-237.
Matsuda, H. (2008) Q3.1 Foodweb constraint of getting more fish. *In* Reconciling Fisheries with Conservation : Proceedings of the Fourth World Fisheries Congress (J. L. Nielsen, J. J. Dodson, K. Friedland, T. R. Hamon, J. Musick and E. Verspoor, eds.), American Fisheries Society, Symposium 49, Bethesda, Maryland 2008, pp. 587-588.
May, R. M., Beddington, J. R., Clark, C. W., Holt, S. J. and Laws, R. M. (1979) Management of multispecies fisheries. Science, 205 : 267-277.
メイナード＝スミス，J.（1995）『進化遺伝学』（巌佐庸・原田祐子訳），産業図書，東京．
ノワック，M. A., シグモンド，K., フェー，E.（2002）フェアプレーの経済学（松田裕之・木村紀雄訳），日経サイエンス，32（4）：78-85．
桜本和美（2004）環境による資源変動を重視した資源管理の考え方——相対値を用いたモデル非依存型アプローチ．資源管理談話会報（日本鯨類研究所），33：12-55．
鷲谷いづみ・松田裕之（1998）生態系管理および環境影響評価に関する保全生態学からの提言（案）．応用生態工学，1：51-62．
Zhang, Y., Nakai, S. and Masunaga, S. (2009) Simulated impact of a change in fish consumption on intake of n-3 polyunsaturated fatty acids. Journal of Food Composition Analysis, 22 : 657-662.

［第5章］

Burkanov, N. V. and Loughlin, T. R. (2005) Distribution and abundance of Steller sea lions, Eumetoias jubatus, on the Asian Coast, 1720's-2005. Marine Fisheries Review, 67(2) : 1-62.
Burkanov, N. V., Altukhov, A. V., Andrews, R., Blokhin, I. A., Calkins, D., Generalov, A. A., Grachev, A. I., Kuzin, A. E., Mamaev, E. G., Nikulin, V. S., Panteleeva, O. I., Permyakov, P. A., Trukhin, A. M., Vertyankin, V. V., Waite, J. N., Zagrebelny, S. V. and Zakharchenko, L. D. (2008) Brief results of Steller sea lion (*Eumetopias jubatus*) survey in Russian waters, 2006-2007. Marine Mammals of the Holarctic. Oct. 14-18. 2008. Odessa, Ukraine, pp. 116-123.
Christensen, N. L., Bartuska, A. M., Brown, J. H., Carpenter, S., D'Antonio, C., Francis, R., Franklin, J., MacMahon, J. A., Noss, R. F., Parsons, D. J., Peterson, C. H., Turner, M. G. and Woodmansee, R. G. (1996) The report of the Ecological Society of America Committee on the Scientific Basis for Ecosystem Management. Ecological Applications, 6 : 665-691.
コルボーン，T., マイヤーズ，J. P., ダマノスキ，D.,（1997）『奪われし未来』（長尾力訳），翔泳社，東京．
Connell, J. H. (1978) Diversity in tropical rainforests and coral reefs. Science, 199 : 1302-1310.
Costanza, R., d'Arge, R., de Groot, R., Farber, S., Grasso, M., Hannon, B., Limburg, K.,

Naeem, S., O' Neill, R. V., Paruelo, J., Raskin, R. G., Sutton, P. and van den Belt, M. (1997) The value of the world's ecosystem services and natural capital. Nature, 387: 253-260.

エルドリッジ, N.（1999）『生命のバランス——人類と生物多様性の危機』（長野敬ほか訳），青土社，東京．

巌佐庸（1998）『数理生物学入門——生物社会のダイナミックスを探る』，共立出版，東京．

梶光一（2000）エゾシカと特定鳥獣の科学的・計画的管理について．生物科学，52: 150-158.

勝川俊雄・松宮義晴（1997）産卵ポテンシャルに基づく水産資源の管理理論．水産海洋研究，61: 33-43.

町村敬志・吉見俊哉（2005）『市民参加型社会とは——愛知万博計画過程と公共圏の再創造』，有斐閣，東京．

Makino, M. and Matsuda, H. (2005) Co-management in Japanese coastal fishery: it's institutional features and transaction cost. Marine Policy, 29: 441-450.

松田裕之（1997）個体数変動，漁業インパクト評価，野生生物資源の持続的利用について．日本生態学会誌，47: 199-200.

松田裕之・矢原徹一（1997）ミナミマグロは絶滅寸前か？　月刊海洋，29 (5): 320-324.

松田裕之（1998a）生態系管理の逆理．月刊海洋，30 (6): 371-376.

松田裕之（1998b）愛知万博が突きつけた環境影響評価法の諸問題．科学，68 (8): 632-636.

松田裕之（1999）エゾシカのフィードバック管理と水産資源管理の展望．月刊海洋号外，17: 119-122.

松田裕之（2000）『環境生態学序説——持続可能な漁業，生物多様性の保全，生態系管理，環境影響評価の科学』，共立出版，東京．

Matsuda, H. and Katsukawa, T. (2002) Fisheries management based on ecosystem dynamics and feedback control. Fisheries Oceanography, 11: 366-370.

松田裕之（2005）知床世界自然遺産登録——その自然を守るための三つの課題．バイオニクス，8 (9): 16-17.

水口憲哉（1998）有機化学物質の真の危機とは何か．世界 12 月号: 249-260.

中西準子（1996）『環境リスク論——技術論からみた政策提言』，岩波書店，東京．

中西準子（1998）「環境ホルモン」空騒ぎ．新潮 45, 12 月号: 54-65.

大串隆之編（1992）『さまざまな共生——生物種間の多様な相互作用』，平凡社，東京．

ロドリックス, J. V.（1994）『危険は予測できるか！——化学物質の毒性とヒューマンリスク』（宮本純之訳），化学同人，東京．

Rouhi, A. M. (1998) The squeeze on tributyltins: former EPA adviser voices doubts over regulations restricting antifouling paints. Chemical & Engineering News, April 27: 41-42.

Schramm, H. L., Jr. and W. A. Hubert (1996) Ecosystem management: implications for fisheris management, Summary and interpretation of a symposium at the

125th Annual Meeting of the American Fisheries Society. Fisheries, 21 (12) : 6-11.
高橋敬雄（1997）「奪われし未来」の誤訳問題について．水情報，17：12-13.
田中昌一（1985）『水産資源学総論』，恒星社厚生閣，東京.
鷲谷いづみ（1998）生態系管理における順応的管理．保全生態学研究，3：145-166.
World Resource Institute (ed.) (2005) Ecosystems and Human Well-Being : Synthesis (The Millennium Ecosystem Assessment Series). United Nations, New York.
八吹圭三（2005）平成17年スケトウダラ根室海峡の資源評価．水産総研センター編『平成17年度魚種別系群別資源評価』，水産庁，pp. 317-332.
湯本貴和・松田裕之編（2006）『世界遺産をシカが喰う――シカと森の生態学』，文一総合出版，東京.

[第6章]

環境省生物多様性総合評価検討委員会（中静透・加藤真・竹中明夫・中村太士・松田裕之・三浦慎悟・矢原徹一・鷲谷いづみ）（2010）生物多様性総合評価報告書．環境省.
国連ミレニアムエコシステム評価編（2007）『生態系サービスと人類の将来――国連ミレニアムエコシステム評価』（横浜国立大学21世紀COE翻訳委員会訳），オーム社，東京.
岸田宗範・松田裕之・清野聡子（2012）世界的な関心が高まる海洋生物多様性保全――CBD-COP10サイドイベントの現場から．海洋と生物，34（1）：96-106.
Makino, M., Matsuda, H. and Sakurai, Y. (2012) Expanding fisheries co-management to ecosystem-based management : a case in the Shiertoko World Natural Heritage area. Convention on Biological Diversity Technical Paper, United Nations University Press, pp. 18-23.
Matsuda, H., Kishida, T. and Kidachi, T. (1992) Optimal harvesting policy for chub mackerel in Japan under a fluctuating environment. Canadian Journal of Fisheries and Aquatic Science, 49 : 1796-1800.
松田裕之・加藤団（2007）外来種の生態リスク．日本水産学会誌，73：1141-1144.
Smith, L. D., Wonham, M. J., McCann, L. D., Ruiz, G. M., Hines, A. H. and Carlton, J. T. (1999) Invasion pressure to a ballast-flooded estuary and an assessment of inoculant survival. Biological Invasions, 1 : 67-68.
Worm, B., Barbier, E. B., Beaumont, N., Duffy, J. E., Folke, C., Halpern, B. S., Jackson, J. B. C., Lotze, H. K., Micheli, F., Palumbi, S. R., Sala, E., Selkoe, K. A., Stachowicz, J. J. and Watson, R. (2006) Impacts of biodiversity loss on ocean ecosystem services. Science, 314 : 787-790.
Worm, B., Hilborn, R., Baum, J. K., Branchm, T. A., Collie, J. S., Costello, C., Fogarty, M. J., Fulton, E. A., Hutchings, J. F., Jennings, S., Jensen, O. P., Lotze, H. K., Mace, P. M., McClanahan, T. R., Minto, C., Palumbi, S. R., Parma, A.M., Ricard, D., Rosenberg, A. A., Watson, R. and Zeller, D. (2009) Rebuilding global fisheries.

Science, 325 : 578-585.

初出誌一覧

本書に再掲した論文などの一覧を示す.ただし,本書に再掲するにあたり,内容を大幅に書き改めたり,編集したりしている.

[第1章]

松田裕之(2006)順応的管理の考え方.リバーフロント整備センター／国土交通省第4回川の自然再生セミナー「順応的管理の技術と方法」講演録.

[第2章]

2.1 松田裕之(2005)ミナミマグロは絶滅するか? 遺伝,59(3):32-36.
2.2 松田裕之(2005)捕鯨論争——何が問題か.日経研月報,2005(3):20-24.
2.3 松田裕之(1997)永続するマイワシ資源の大変動——持続可能な漁業の新たな課題.日本の科学者,32(4):28-32.
2.4 松田裕之(1997)非定常生物資源の持続的利用.月刊海洋号外,12:137-140.
2.5 松田裕之(2011)生物多様性条約COP10の成果と課題.生物科学,62:111-114.

[第3章]

3.1 松田裕之(2005)ゲーム理論と生態学の未来.数理科学,504:63-70.
3.2 松田裕之(2006)漁業規制と資源保護.学術月報,59(9):29-33.
3.3 松田裕之(2005)生物資源の多様性はなぜ必要か? アクアネット,8(1):20-23.

[第4章]

4.1 松田裕之(2005)種間相互作用と最大持続生産量の理念.月刊海洋,37:186-192.
4.2 松田裕之(2004)生物学的許容漁獲量決定規則の課題と展望——保全と持続的利用の両立を目指して.資源管理談話会報(日本鯨類研究所),33:3-11.
4.3 松田裕之(2004)ゲーム理論とフェアプレー.medical forum CHUGAI,8(5):24-28.

4.4 松田裕之（2009）生態系アプローチとは何か．月刊海洋，41：484-490．

[第5章]

5.1 松田裕之（1999）非定常生態系の保全と管理．月刊海洋，17：141-144．
5.2 松田裕之（1998）保全生物資源学へ──討論のまとめ．月刊海洋，30：243-246．
5.3 松田裕之（2006）魚と漁業を守るための知床海域管理計画とは．月刊海洋，38：661-665．

[第6章]

6.1 松田裕之・加藤団（2007）外来種の生態リスク．日本水産学会誌，73：1141-1144．
6.2 松田裕之・加藤団（2007）外来種の生態リスク．日本水産学会誌，73：1141-1144．
6.3 松田裕之（2010）COP10とグローバルCOEプログラム．横浜国立大学Eco-Risk通信，1：1-3．
6.4 松田裕之（2011）COP10と海洋保護区──チリの漁業制度の教訓．大沼湖畔塾（函館市）講演録．

おわりに

　本書は，私が持続可能な漁業や海洋生態系の保全を考えるなかで著してきたさまざまな文章を束ねたものである．過去に書いたものなので，その後の進展に合わせて加筆したが，基本的な主張は，当時のままである．漁業においてなぜ乱獲が起きるのか，それは漁業者自身が儲からないように，自らの首を絞める行為ともいえる．その不合理を説明するなかで，古典的な水産学そのものの限界も見えてきた．1つは水産資源が海洋環境に応じて大きく変動する非定常系であることを考え，未来を確率的に予想するリスク管理の視点を組み入れた．第2に，漁業によって得られる利益は自然の恵みのごく一部であり，海の恵みを総合的に利用する「最大持続生態系サービス」という視点を組み入れた．本書が水産学でなく，保全生態学の著書になったのはそのためである．第3に，国や法による規制だけが管理を成功させる道ではなく，漁民などの利害関係者自身が担う共同管理の重要性である．私は知床世界自然遺産の登録の過程で，このことを学んだ．これら三者を含め，漁業をはじめとする生物資源利用と海洋生態系保全の調和を図ることは，時代の趨勢である．マサバ，クロマグロ，知床世界自然遺産などの個別の研究課題を通して，私はそのことを学び，世界に提案してきた．読者の方々がこの筋書きを追体験され，海洋保全生態学に興味を持っていただければ，たいへんありがたいことである．

　私が今日水産学者でいられるのは，水産学者の故・松宮義晴教授に私を紹介いただいた巌佐庸さん，水産研究所に勤めた私を温かく励ましていただいた故・石岡清英室長，岸田達室長，共同研究者の和田時夫さん，小滝一三さん，魚住雄二さん，後輩ながら多くのことを学ばせていただいた原田泰志さん，山川卓さん，箱山洋さん，森田健太郎さん，神奈川県水産試験場にいた三谷勇さん，島根県水産試験場の安達二朗博士，滋賀県水産試験場の西森克浩さんのおかげである．三谷さんが訪ねてきて，私が結果を出すまでずっと背後で待っていただいたことは忘れられない．彼に頼まれて，気仙沼でサン

マの小型魚分離機を批判する講演に行ったときに松宮教授が急逝し，私の人生はさらに紆余曲折を経ることになった．白山義久教授の推薦で日本人初のピュー海洋保全フェローに選ばれ，国際社会で生態学と水産学の専門家として活躍させていただいたことが大きかった．もう一人の大恩人は佐藤哲さんである．彼には葛西臨海水族園に深夜に招待していただいて，私の理論に反する魚の産卵行動の現場を見せていただき，2002 年には WWF ジャパン自然保護室長として捕鯨の対話宣言を出していただき，2008 年からは地域環境学ネットワークの活動に私を誘っていただいた．

最後に，本書をまとめるにあたり，東京大学出版会編集部の光明義文さんにたいへん励まされた．大学で教育を行う私よりも人をほめるのがうまい方で，忙しいはずなのに，思わずその気になってしまった．かき集めた原稿を丁寧に推敲していただいた森田健太郎さん，柴田泰宙さん，瀧下竜太さんに感謝する．

索　引

ア　行

愛知万博　142
愛知目標　67-69,71,73,156,160,172,175,179
秋田のハタハタ　168,183
アジ　52,53
アジア太平洋諸国のネットワーク AP-BON　158
アルゴリズム　26,27
安全率　41
生きている地球指数　122
伊勢湾のイカナゴ　168,183
遺伝子汚染　154
遺伝資源　123,124
遺伝子の多様性　122
遺伝的多様性　139,140,150
移入リスク　153
違法無規制無報告漁業（IUU漁業）　87
入会制度　176
魚付林　161,177
浮魚　21,50,52,54,58-61,63,64,88,89,92,128
ウサギ小屋　44
海と海洋法条約に関する非公式協議　145
海にやさしい水産食品　154
海の保護レベル　171
海は死につつある　128
AEZ　181
H-MAP　51
栄養段階　89
エコラベル　154
エコロジカル・フットプリント（EF）　44
エゾシカ　2,3,75,76,78-80,148

エゾシカ保護管理計画（道東計画）　75,76,79,138
エゾシカ保護管理検討委員会　143
エルニーニョ　53,56
エンドポイント　107
欧州連合（EU）　49
オオワシ　80,81
オキアミ　175
雄化　136
親魚資源量　9,10
オリンピック方式　85

カ　行

海域管理計画　143,145,148
海中公園地区　87
海中特別地区　87
改訂管理制度（RMS）　42
改訂管理方式（RMP）　6,8,10,11,14,42,48,85,104
海洋環境保護委員会（MEPC）　151
海洋管理協議会（MSC）　71
海洋政策　172
海洋生態系　125,131,155
海洋生態系保全　143
海洋生物資源の保存及び管理に関する法律（TAC法）　95
海洋生物のセンサス（CoML）　50,160
海洋認証制度　154
海洋保護区（MPA）　69,71,72,87,133,139,146,147,160,168,170,171,173,175,177-180
カオス　56
（知床世界自然遺産登録地）科学委員会　21-24,142,143,148,161,171

化学毒物　138
カタクチイワシ　52-59, 64, 88, 92, 129, 182
価値観　33
過程誤差　28
カトリカ大学　179-181
加入管理　133
加入量あたり産卵親魚量　62
かもしれない運転　29
カワウ　140
環境影響評価　82, 132
環境影響評価法　135, 136, 142
環境化学物質　136
環境収容力　9, 96, 101, 110
環境省生物多様性総合評価検討委員会　158
環境団体　14, 17, 46-48, 69, 87, 104, 142, 154, 155, 173, 178
環境にやさしい漁業　131, 154, 155
環境負荷　70
環境変動説　56
環境ホルモン　138
環境要因　59
環境と健康によい水産食品　154
間接効果　134
間接効果の非決定性　135
管理計画　2, 5, 6, 28, 29, 42, 47, 136, 142-144, 149
管理哲学　133
気候変動　110
気候変動に関する政府間パネル（IPCC）　68, 157
気候変動枠組条約（UNFCCC）　157
季節解氷域　143
機能　117
基盤サービス　125
供給サービス　125-127
共生　123
共同管理　24, 86, 142, 162, 177, 179
京都宣言の逆理　101
京都のズワイガニ　71, 87, 168-170, 183
共有地の悲劇　11, 84
漁獲圧　61-63, 99, 100, 107

漁獲可能量（TAC）　15, 16, 40, 63, 84, 85, 92, 97, 103, 105, 111-113, 146, 165, 174
漁獲係数　41, 85, 106, 108
漁獲後資源量一定方策　132
漁獲統計　51
漁獲努力　99, 101, 138
漁獲努力量　86, 100, 102
漁獲率　96-103, 107-110, 113
漁業管理　66, 105, 132
漁業制度　168, 176
漁業法　176
漁業崩落　89
漁具開発　65
漁具効率　65
魚種交替　54-58, 64, 129, 163
魚食文化　128
緊急回復措置　111-113
緊急減少措置　76
禁漁　15, 96, 102, 107, 108, 112, 167, 171, 172
禁漁区　144, 146, 170, 178
悔いのない方策　139
グリーンピースジャパン（GPJ）　45, 46, 104
グレンキャニオンダムの人工洪水実験　81
クロマグロ　70, 92, 139, 160, 173
クロマグロの完全養殖技術　71
クロミンククジラ　10, 42, 44, 103
経済人　116
経済的割引　84
経済評価（TEEB）　68
経済割引率　10
継続監視　1, 3, 43, 81
ゲーム理論　114-116
減少率　38, 39
減数分裂の2倍のコスト　91
合意形成　47, 83, 136
合意形成の科学　83
公海　128
公正さ　120, 121
高度回遊性魚類　86
公平　118, 120

合目的性　119
合理性　119
国際管理　154
国際コモンズ学会　24,172
国際自然保護連合（IUCN）　21,37,89,142,143,171
国際捕鯨委員会（IWC）　6,7,42,43,47,67,68,85,86,104,154,157
国内移入種　150
国立公園普通地域　87
国連海洋法条約（UNCLOS）　15,84,86,87,95,105,108,128,145
国連環境開発会議　74
国連気候変動枠組条約　69,123
国連食糧農業機構（FAO）　49,59,141
国連ミレニアム生態系評価　125,126,133
互恵主義　82
個体群管理　75
個体群生態学　141
COP10　67,71,155-163,172,173,175
個別割当量（IQ）方式　85
ゴマサバ　52,88
固有種　90
混獲　65,86,87,139,144,154

サ　行

最後通牒ゲーム　115,118,120
菜食主義　26
最大持続漁獲量（MSY）　8-10,83,95-97,99,100,132
最大持続生産量（MSY）　84,163
サイモン・レヴィン　4
サケ・マス管理計画　145
里海　150,151,176
里山　150,151
SATOYAMAイニシアティブ　69,159
サバ　130
サンクチュアリ　175
三すくみ説　55,57,58
サンマ　52,53,64,88,92,93,130,174,175
産卵親魚　70-72,86,87,160
産卵場　55

資源回復確率　20,85
資源管理　70,107,108,122,141,168,171
資源管理型漁業　86,168
資源減少　113
資源評価　20,70,86,103,105,107,108,112,113
資源変動　88
資源変動機構　103
資源量推定　85,132
自主管理　24,144-146,148,149,171,177
システムの科学　83
システム論　79
自然攪乱　79,135
自然再生事業指針　4,30-32
自然増加率　9,76,78,85,101
自然淘汰　116,117,119
自然の学校　159
自然の恵み　68,123-125,127,133,134,156
自然変動　93,94,107
持続可能性　134,148
持続可能な漁業　25,59,65,66,99,104,131,148,155,173,178
持続不可能性　4
実現可能性の吟味　19
実行誤差　28
質点　116
シナリオ　75
似非順応的管理　5
CPUE　89,112
市民ボランティア　156
種　90
囚人のジレンマゲーム　82,114
自由貿易　87
住民参画　47
種間関係　56,58,134
種間相互作用　95-97,104,110
種の多様性　122
種苗放流　146,149,150,154
順応学習　1,2,5,8,101
順応性　81
順応的管理　1,4,5,6,8,11,14,18,48,59,81,82,85,86,96,101,103-105,113,124,

133, 149
順応的管理の 7 つの鉄則　26
上位捕食者　89
生涯産卵数　62
商業捕鯨　42, 43, 46-48
商業捕鯨のモラトリアム　42
譲渡性個別割当量（ITQ）方式　85, 175
情報公開　66
初期資源量　11, 101
食材の多様性　91
食品添加物　138
食料安全保障のための漁業の持続的貢献に関する京都宣言及び行動計画　101
知床世界自然遺産　21, 141-143, 149, 161, 162
知床世界自然遺産候補地管理計画　147
シロナガス換算制　7
シロナガスクジラ　7, 17, 37, 44, 173
人為淘汰　140
進化生態学　116, 119, 140
新管理方式　8
人工孵化放流　146
信頼関係　29
人類の滅亡まで残る普遍的真理　114
水銀　130
水産資源管理　136
水産資源保護法　108
推定誤差　28
推定個体数　38
推定資源量　85
数理モデル　98-101, 134, 135, 139, 140
スケトウダラ　59, 143, 144, 171
スケトウダラ漁業　146
スケトウダラ根室海峡系群　148
スコラ論議　117
駿河湾のサクラエビ　168, 183
生活史　110
生産調整　92
生存率　76, 80
生態系　88, 91, 96, 123, 132, 134
生態系アプローチ　4, 15, 122, 124, 129, 145
生態系アプローチの 12 原則　4

生態系過程　134
生態系管理　75, 81, 104, 105, 132, 133, 135, 144
生態系サービス（ES）　68, 124, 126, 127, 131, 133, 148, 151, 156
生態系サービスの資産評価　136
生態系全体の健全さ　134
生態系にもとづく漁業管理　104
生態系の多様性　122
生態系破壊　151
生態系保全　141
生態系保全のための 8 つの戒め　6
生態リスク　138
生態リスク COE　158
生態リスク管理　24
生態リスク管理の基本手順　24
成長乱獲　63
生物学的許容漁獲量（ABC）　16, 40, 84, 92, 93, 103, 105, 174
生物学的許容漁獲量（ABC）の決定規則　41, 42, 85, 102, 106-111
生物学的収容力（BC）　43
生物圏保護区　159
生物資源の利用と利益の公平な分配（ABS）　67, 156
生物生態環境リスクマネジメント　5
生物多様性　124, 126, 134, 135, 148, 159
生物多様性科学国際共同計画（DIVERSITAS）　69
生物多様性観測ネットワークの国内組織 J-BON　158
生物多様性国家戦略　123, 150
生物多様性条約（CBD）　42, 67, 87, 123, 155, 172
生物多様性と生態系サービスに関する政府間科学政策プラットフォーム（IPBES）　68, 157
生物多様性の必要性　91
生物多様性保全国家戦略　42
生物文化多様性　157
世界標準　176
石西礁湖　30

石西礁湖の自然再生事業全体構想　32
責任ある漁業　138
責任ある試行錯誤　6
責任あるまぐろ漁業推進機構（OPRT）　154
説明責任　33, 75, 133
絶滅危惧種　91
絶滅危惧種判定基準　37, 39
絶滅リスク　38
遷移　79, 135
先住民　175, 176, 179, 180
選択的漁業　65
選別機　92
全面禁漁区　146
遡河性魚類　86
相対資源量指数　112
想定内　26, 28
底魚　58
損失余命　137, 138

タ　行

第一種の過誤　82
ダイオキシン　130
大西洋クロマグロ　70
大西洋まぐろ類保存委員会（ICCAT）　68, 71, 139, 154, 157
体長組成　113
第二種の過誤　82
タイマイ　37, 87
大量死　78
大量絶滅の時代　134
多魚種（一括）管理　110, 133
卓越年級群　164
WCPFC　154
WWF ジャパン　46, 70, 104
WWF ジャパンの対話宣言　14
試される大地　82
たもすくい網漁業　64
タラ　52
タラ戦争　128
だろう運転　29
単一資源利用の理論　110

単純さを求めよ，しかし，それを信じるな　30
中規模攪乱説　135
釣獲率　37
調査捕鯨　47, 104
調整サービス　125-127
チリ　179-182
定常資源量　102
定常状態　98-100
底性資源管理利用区域（MEABRs）　181
定置網漁業　171
天然記念物　27
天然魚　71
電網社会　121
投棄魚　113
動的共存状態　88
透明性　82
特定外来生物法　150
トド　143, 149

ナ　行

内在的変動要因　59
内分泌攪乱（作用）　135, 153
中池見　31
ナガスクジラ　7
名古屋議定書　67, 68, 156
為すことによって学ぶ　2, 82, 104, 149
鉛弾　81
成り年　57, 164, 166, 167, 172
21 世紀『環の国』づくり会議　106
ニシン　52
2010 年目標　124
ニタリクジラ　7
ニホンジカ　76, 140
日本生態学会生態系管理専門委員会　4, 30
日本ユネスコエコパークネットワーク（J-BRnet）　160
人間の福利　126, 148
根付きのサバ　55, 57
根付きの資源　179
根回し　119
年齢組成　113

農林業被害 80
ノーテイクゾーン（No-take Zone） 87, 175

ハ 行

排他的経済水域（EEZ） 15, 72, 84, 95, 105, 128
バード・ストライク 27
はまき網漁業 64
バラスト水 151-153
バルチック海 52
反証可能 58
反証可能性 81, 82
繁殖価 61, 63, 113
繁殖ポテンシャル 63, 132, 139
繁殖率 76, 80
反捕鯨主義 43
ピグマリオン症候群 116
被食者 97-103
被食者資源量 102
非定常 10, 56, 84, 132, 133
非定常系 88
非定常性 96, 108, 110
非定常生物資源 63
VMS 182
フィードバック管理 109
フィードバック制御 1, 2, 101, 103, 138
フィードバック制度 105
風力発電所 27
フェーズアウトルール 12
不確実性 27, 96, 108, 110, 137
複雑性 96, 108, 110
不平等 119
不飽和脂肪酸 130
プランクトン 54
文化多様性 159, 176
文化的サービス 125, 126
平均資源量 99
ベイズ推計法 11
ベビーブーム 40
便益性 136
返済能力 78

豊漁貧乏 53, 60
捕獲枠算定規則 11, 27
保護区 69
保護水面 87
補助金 172, 173
捕食者 97-103
保全生物学 117
保全生物資源学 141
北方四島 143
ボトムアップアプローチ 24
ホリングの機能的反応 6

マ 行

マイワシ 21, 42, 52-61, 64, 88, 92, 93, 110, 129, 130, 163, 164
まき網漁業 168
マグロ延縄漁業 34
マグロ類9割減少説 34
マサバ 52, 54-58, 61, 63, 64, 88, 93, 163-166, 168, 172
マサバ太平洋系群 61
マリン・エコラベル・ジャパン（MELジャパン） 155
密度効果 9
ミナミマグロ 17, 18, 25, 37, 39, 40, 89, 92
ミナミマグロ保存委員会 37
ミナミマグロ保存条約（CCSBT） 37, 39, 154
ミンククジラ 52
無責任漁業 149
May-Lernard 軌道 57
メガネモチノウオ 47
目視調査 11, 76
目標資源量 101, 102
もったいない 6
モラトリアム 8

ヤ 行

薬害エイズ禍事件 81
野生生物管理 136, 140
有機スズ（TBT） 136, 138, 153
有識者会議 24

ユネスコ MAB 計画　159
要回復資源　107,111
洋上交換　153
要素還元主義　74
ヨコワ　71
余剰生産力　9,10
予防原則　3,43,74,91,104,107
予防措置　107,108,110
ヨーロッパウナギ　50

　　ラ　行

羅臼漁協　144,171
乱獲　15,54,59,65,71,83,86,92,93,96,107-110,113,124,128,130,139,155,173,175
利益　118,128
利害関係　178

利己的な遺伝子　140
リスク　28,75,81-83,85,135,137
リスク管理　19,21,28,29,75,85
リスクコミュニケーション　82
リスクの科学　83
リスク評価　20,80,137
領海　127
零細漁業　175,180,182
レジームシフト　88,110
レッドリスト　37,89
ロイヤルナショナルパーク　178

　　ワ　行

わかりやすい方策　140
ワシントン条約（CITES）　43,47,48,67,69,87,103,154

著者略歴
1957 年　福岡県に生まれる．
1985 年　京都大学大学院理学研究科博士課程修了．
　　　　水産庁中央水産研究所主任研究官，九州大学理学部助教授，東京大学海洋研究所助教授などを経て，
現　在　横浜国立大学大学院環境情報研究院教授，日本生態学会会長，理学博士．
専　門　保全生態学．

主要著書
『環境生態学序説』（2000 年，共立出版）
『ゼロからわかる生態学』（2004 年，共立出版）
『生態リスク学入門』（2008 年，共立出版）
『環境倫理学』（共著，2009 年，東京大学出版会）
『海洋保全生態学』（共編，2012 年，講談社）ほか

海の保全生態学

2012 年 11 月 5 日　初　版

［検印廃止］

著　者　松田裕之（まつだひろゆき）

発行所　一般財団法人　東京大学出版会

代表者　渡辺　浩

113-8654　東京都文京区本郷 7-3-1　東大構内
電話 03-3811-8814・振替 00160-6-59964

印刷所　三美印刷株式会社
製本所　誠製本株式会社

Ⓒ 2012 Hiroyuki Matsuda
ISBN 978-4-13-060194-8　Printed in Japan

JCOPY　〈(社)出版者著作権管理機構　委託出版物〉
本書の無断複写は著作権法上での例外を除き禁じられています．複写される場合は，そのつど事前に，(社)出版者著作権管理機構（電話 03-3513-6969，FAX 03-3513-6979，e-mail : info@jcopy.or.jp）の許諾を得てください．

Natural History Series（継続刊行中）

日本の自然史博物館　糸魚川淳二著 ── A5判・240頁/4000円（品切）
●理論と実際とを対比させながら自然史博物館の将来像をさぐる.

恐竜学　小畠郁生編 ── A5判・368頁/4500円（品切）
犬塚則久・山崎信寿・杉本剛・瀬戸口烈司・木村達明・平野弘道著
●7人の日本の研究者がそれぞれ独特の研究視点からダイナミックに恐竜像を描く.

樹木社会学　渡邊定元著 ── A5判・464頁/5600円
●永年にわたり森林をみつめてきた著者が描き上げた森林と樹木の壮大な自然史.

動物分類学の論理　馬渡峻輔著 ── A5判・248頁/3800円
多様性を認識する方法
●誰もが知りたがっていた「分類することの論理」について気鋭の分類学者が明快に語る.

花の性　その進化を探る　矢原徹一著 ── A5判・328頁/4800円
●魅力あふれる野生植物の世界を鮮やかに読み解く．発見と興奮に満ちた科学の物語.

民族動物学　周達生著 ── A5判・240頁/3600円
アジアのフィールドから
●ヒトと動物たちをめぐるナチュラルヒストリー.

海洋民族学　秋道智彌著 ── A5判・272頁/3800円（品切）
海のナチュラリストたち
●太平洋の島じまに海人と生きものたちの織りなす世界をさぐる.

両生類の進化　松井正文著 ── A5判・312頁/4800円（品切）
●はじめて陸に上がった動物たちの自然史をダイナミックに描く.

シダ植物の自然史　岩槻邦男著 ── A5判・272頁/3400円（品切）
●「生きているとはどういうことか」を解く鍵を求め続けてきたあるナチュラリストの軌跡.

太古の海の記憶　池谷仙之・阿部勝巳著 ── A5判・248頁/3700円（品切）
オストラコーダの自然史
●新しい自然史科学へ向けて地球科学と生物科学の統合が始まる.

哺乳類の生態学　土肥昭夫・岩本俊孝・三浦慎悟・池田啓著 ── A5判・272頁/3800円
●気鋭の生態学者たちが描く〈魅惑的〉な野生動物の世界.

高山植物の生態学　増沢武弘著 ── A5判・232頁/3800円（品切）
●極限に生きる植物たちのたくみな生きざまをみる.

サメの自然史　谷内透著 ── A5判・280頁/4200円（品切）
●「海の狩人たち」を追い続けた海洋生物学者がとらえたかれらの多様な世界.

生物系統学　三中信宏著 ── A5判・480頁/5800円
●より精度の高い系統樹を求めて展開される現代の系統学.

テントウムシの自然史　佐々治寛之著 ── A5判・264頁/4000円（品切）
●身近な生きものたちに自然史科学の広がりと深まりをみる.

鰭脚類［ききゃくるい］　和田一雄　著 ── A5判・296頁/4800円
　　　　　　　　　　　　　伊藤徹魯
アシカ・アザラシの自然史
●水生生活に適応した哺乳類の進化・生態・ヒトとのかかわりをみる.

植物の進化形態学　加藤雅啓著 ── A5判・256頁/4000円
●植物のかたちはどのように進化したのか. 形態の多様性から種の多様性にせまる.

新しい自然史博物館　糸魚川淳二著 ── A5判・240頁/3800円
●これからの自然史博物館に求められる新しいパラダイムとはなにか.

地形植生誌　菊池多賀夫著 ── A5判・240頁/4400円
●精力的なフィールドワークと丹念な植生図の読解をもとに描く地形と植生の自然史.

日本コウモリ研究誌　前田喜四雄著 ── A5判・216頁/3700円
翼手類の自然史
●北海道から南西諸島まで, 精力的にコウモリを訪ね歩いた研究者の記録.

爬虫類の進化　疋田努著 ── A5判・248頁/4000円（品切）
●トカゲ, ヘビ, カメ, ワニ……多様な爬虫類の自然史を気鋭のトカゲ学者が描写する.

生物体系学　直海俊一郎著 ── A5判・360頁/5200円
●生物体系学の構造・論理・歴史を分類学はじめ5つの視座から丹念に読み解く.

生物学名概論　平嶋義宏著 ── A5判・272頁/4600円
●身近な生物の学名をとおして基礎を学び, 命名規約により理解を深める.

哺乳類の進化
遠藤秀紀著 ── A5判・400頁/5000円
●地球史を飾る動物たちの〈歴史性〉にナチュラルヒストリーが挑む.

動物進化形態学
倉谷滋著 ── A5判・632頁/7400円
●進化発生学の視点から脊椎動物のかたちの進化にせまる.

日本の植物園
岩槻邦男著 ── A5判・264頁/3800円
●植物園の歴史や現代的な意義を論じ,長期的な将来構想を提示する.

民族昆虫学
野中健一著 ── A5判・224頁/4200円
昆虫食の自然誌
●人間はなぜ昆虫を食べるのか──人類学や生物学などの枠組を越えた人間と自然の関係学.

シカの生態誌
高槻成紀著 ── A5判・496頁/7800円
●動物生態学と植物生態学の2つの座標軸から,シカの生態を鮮やかに描く.

ネズミの分類学
金子之史著 ── A5判・320頁/5000円
生物地理学の視点
●分類学的研究の集大成として,さらに自然史研究のモデルとして注目のモノグラフ.

化石の記憶
矢島道子著 ── A5判・240頁/3200円
古生物学の歴史をさかのぼる
●時代をさかのぼりながら,化石をめぐる物語を読み解こう.

ニホンカワウソ
安藤元一著 ── A5判・248頁/4400円
絶滅に学ぶ保全生物学
●身近な水辺の動物であったニホンカワウソ──かれらはなぜ絶滅しなくてはならなかったのか.

フィールド古生物学
大路樹生著 ── A5判・164頁/2800円
進化の足跡を化石から読み解く
●フィールドワークや研究史上のエピソードをまじえながら,古生物学の魅力を語る.

日本の動物園
石田戢著 ── A5判・272頁/3600円
●動物園学のすすめ──多様な視点からこれからの動物園を論じた決定版テキスト.

貝類学
佐々木猛智著 ── A5判・400頁/5400円
●化石種から現生種まで,軟体動物の多様な世界を体系化.著者撮影の精緻な写真を多数掲載.

リスの生態学　田村典子著 ──── A5判・224頁/3800円
●行動生態，進化生態，保全生態など生態学の主要なテーマにリスからアプローチ．

イルカの認知科学　村山司著 ──── A5判・224頁/3400円
異種間コミュニケーションへの挑戦
●イルカと話したい──「海の霊長類」の知能に認知科学の手法で迫る．

ここに表記された価格は**本体価格**です．ご購入の際には消費税が加算されますのでご了承下さい．